CHOUSHUI XUNENG DIANZHAN TONGYONG SHEBEI

抽水蓄能电站通用设备

电缆选型分册

国网新源控股有限公司　组编

中国电力出版社

CHINA ELECTRIC POWER PRESS

为进一步提升抽水蓄能电站标准化建设水平，深入总结工程建设管理经验，提高工程建设质量和管理效益，国网新源控股有限公司组织有关研究机构、设计单位和专家，在充分调研、精心设计、反复论证的基础上，编制完成了《抽水蓄能电站通用设备》系列丛书，本丛书共7个分册。

本书为《电缆选型分册》，主要内容共分为4章，包括电缆选型、电缆桥架选型、电缆桥架仿真设计、电缆敷设仿真设计等。附录为电缆及电缆桥架选型一缆。

本丛书适合抽水蓄能电站设计、建设、运维等有关技术人员阅读使用，其他相关人员可供参考。

图书在版编目（CIP）数据

抽水蓄能电站通用设备. 电缆选型分册 / 国网新源控股有限公司组编 . —北京：中国电力出版社，2020.7

ISBN 978-7-5198-4089-1

Ⅰ．①抽…　Ⅱ．①国…　Ⅲ．①抽水蓄能水电站—电缆—选型　Ⅳ．① TV743

中国版本图书馆 CIP 数据核字（2019）第 285788 号

出版发行：中国电力出版社

地　　址：北京市东城区北京站西街 19 号

邮政编码：100005

网　　址：http://www.cepp.sgcc.com.cn

责任编辑：孙建英（010-63412369）　李文娟

责任校对：黄　蓓　于　维

装帧设计：赵姗姗

责任印制：吴　迪

印　　刷：三河市百盛印装有限公司

版　　次：2020 年 7 月第一版

印　　次：2020 年 7 月北京第一次印刷

开　　本：787 毫米 ×1092 毫米　横 16 开本

印　　张：2.75

字　　数：76 千字

印　　数：0001—1000 册

定　　价：28.00 元

编　委　会

主　　任	路振刚
副 主 任	黄悦照　王洪玉
委　　员	张亚武　朱安平　佟德利　张国良　张全胜　常玉红　王胜军　赵常伟　李富春　胡代清
	王　槐　胡万飞　张　强　易忠有
主　　编	朱安平　胡代清
执行主编	王小军　郭建强
编写人员	郝　峰　王　凯　李建光　左　程　任　刚　毛学志　王少华　王雄飞　赵文俊　王　熙
	胡国昌　杨文道　杨　梅　王　坤　仇　震　王欣垚　王　纯

前　　言

　　抽水蓄能电站运行灵活、反应快速，是电力系统中具有调峰、填谷、调频、调相、备用和黑启动等多种功能的特殊电源，是目前最具经济性的大规模储能设施。随着我国经济社会的发展，电力系统规模不断扩大，用电负荷和峰谷差持续加大，电力用户对供电质量要求不断提高，随机性、间歇性新能源大规模开发，对抽水蓄能电站发展提出了更高要求。2014 年国家发展改革委下发"关于促进抽水蓄能电站健康有序发展有关问题的意见"，确定"到 2025 年，全国抽水蓄能电站总装机容量达到约 1 亿 kW，占全国电力总装机的比重达到 4％左右"的发展目标。

　　抽水蓄能电站建设规模持续扩大，大力研究和推广抽水蓄能电站标准化设计，是适应抽水蓄能电站快速发展的客观需要。国网新源控股有限公司作为全球最大的调峰调频专业运营公司，承担着保障电网安全、稳定、经济、清洁运行的基本使命，经过多年的工程建设实践，积累了丰富的抽水蓄能电站建设管理经验。为进一步提升抽水蓄能电站标准化建设水平，深入总结工程建设管理经验，提高工程建设质量和管理效益，国网新源控股有限公司组织有关研究机构、设计单位和专家，在充分调研、精心设计、反复论证的基础上，编制完成了《抽水蓄能电站通用设备》系列丛书，包括水力机械、电气、金属结构、控制保护与通信、供暖通风、消防及电缆选型七个分册。

　　本通用设备坚持"安全可靠、技术先进、保护环境、投资合理、标准统一、运行高效"的设计原则，采用模块化设计手段，追求统一性与可靠性、先进性、经济性、适应性和灵活性的协调统一。该书凝聚了抽水蓄能行业诸多专家和广大工程技术人员的心血和智慧，是公司推行抽水蓄能电站标准化建设的又一重要成果。希望本丛书的出版和应用，能有力促进和提升我国抽水蓄能电站建设发展，为保障电力供应、服务经济社会发展做出积极的贡献。

　　由于编者水平有限，不妥之处在所难免，敬请读者批评指正。

编者

2020 年 3 月

目　　录

第 1 章 概　　述

1.1　主要内容

抽水蓄能电站通用设备标准化是国家电网公司标准化建设成果的有机组成部分，通过开展通用设备设计工作，将设备全寿命周期管理理念落实到设备的选型设计当中，进一步规范抽水蓄能电站设备配置，通用设备标准化将充分吸取已投运电站设备运维的经验和教训，科学提出设备的技术要求和参数，致力于从设备选型设计阶段提高设备质量水平。

通用设备标准化是一个系统性的工作，包括电站机电各系统设备，通用设备设计主要包括：

水力机械分册

电气分册

控制保护和通信分册

金属结构分册

供暖通风分册

消防分册

电缆选型分册

本分册为电缆选型分册（简称电缆分册），主要内容包括电缆选型、电缆桥架选型、电缆桥架的布置仿真设计、电缆的敷设设计（包括排列）和三维展示等。

1.2　编制原则

通过对已建抽水蓄能电站电缆及电缆桥架技术条件的收集整理，结合当前设备制造水平及发展趋势，合理确定抽水蓄能电站电缆和电缆桥架等的技术参数和技术要求，形成抽水蓄能电站电缆和电缆桥架通用设备的技术规范；进行电缆桥架的三维布置设计，构建电缆参数数据库（包括电气参数、回路编号、起点和终点等），进行电缆敷设（排列）的数字化设计（含程序开发）。电缆选型分册的编制均符合国家和行业规程规范以及国家电网有限公司、国网新源控股有限公司（简称国网新源公司）等企业标准的要求。

1.3　工作组织

为了加强工作组织和协调，成立了《抽水蓄能电站通用设备　电缆选型分册》编制工作组。工作组以国网新源公司为组长单位，编写单位为成员单位，国网新源公司基建部、运检部及相关运行单位、设计单位专家进行各阶段审查。工作组负责总体工作方案策划、组织、指导、协调编制工作。

《抽水蓄能电站通用设备电缆选型分册》由中国电建集团北京勘测设计研究院有限公司（简称北京院）负责设计与编制。

1.4　编制过程

2016 年 5 月 19 日，国网新源公司组织召开《抽水蓄能电站通用设备　电缆选型分册》编制工作启动会。

2016 年 5 月 20 日，北京院开始向国内优质电缆与电缆桥架生产厂家咨询并收集产品资料，向抽水蓄能电站设计单位收集电缆及电缆桥架的选型设计资料，向国网新源公司所属电厂收集建设、运维过程中的经验总结资料。

2016 年 6 月 10 日，北京院与北京博超公司开展电缆桥架及电缆敷设数字化研究工作。根据抽水蓄能电站电缆数量多、布置紧凑的特点以及避免交叉、分层分期敷设等要求，研发数字化电缆桥架及电缆敷设 PC 端设计软件及 IPAD 端演示体系。

2016 年 8 月 25 日，北京院编制完成电缆选型及布置分册中间成果，8 月 30 日国网新源公司组织召开中间成果评审会。

2016 年 10 月 13 日，北京院编制完成电缆选型及布置分册阶段性成果。10 月 18 日～19 日，国网新源公司组织召开阶段成果审查会。

2016 年 11 月 30 日，北京院编制完成电缆选型及布置分册送审稿。12 月 14 日，国网新源公司组织召开电缆布置分册成果评审会。

2018 年 10 月 23 日，国网新源公司组织召开通用设备各分册审定会议。11 月 9 日，北京院完成电缆选型及布置分册审定稿。

第 2 章 电缆选型依据与原则要求

2.1 设计依据

GB 9978	建筑构件耐火试验方法
GB 12666.1~3	电线电缆燃烧试验方法 第1部分~第3部分
GB 23864	防火封堵材料
GB 50205	钢结构工程施工质量验收规范
GB 50217	电力工程电缆设计规范
GB 50872	水电工程设计防火规范
QB/T 1453	电缆桥架
GB/T 3048.1~16	电线电缆电性能试验方法 第1部分~第16部分
GB/T 3956	电缆的导体
GB/T 8624	建筑材料及制品燃烧性能分级
GB/T 8625	建筑材料难燃性试验方法
GB/T 12706.1~4	额定电压 1kV($U_m=1.2$kV) 到 35kV($U_m=40.5$kV) 挤包绝缘电力电缆及附件
GB/T 18380.31	电缆在火焰条件下的燃烧试验 第31部分
GB/T 19216.11	在火焰条件下电缆或光缆的线路完整性试验 第11部分
GB/T 19216.21	在火焰条件下电缆或光缆的线路完整性试验 第21部分
GB/T 19216.25	在火焰条件下电缆或光缆的线路完整性试验 第25部分
GB/T 19555	阻燃和耐火电缆通则
GB/T 21762	电缆管理 电缆托盘系统和电缆梯架系统
GB/T 23639	节能耐腐蚀钢制电缆桥架
DL/T 5186	水力发电厂机电设计规范
JB/T 6743	户内户外钢制电缆桥架防腐环境技术要求
JB/T 10216	电控用电缆桥架
Q/CHECC 011	水力发电厂电缆防火阻燃措施设计规范
Q/HYDROCHINA 010	水力发电厂电缆桥架选用导则
SL 344	水利水电工程电缆设计
T/CECS 31	钢制电缆桥架工程设计规范

2.2 设计原则

电缆应依据电缆的用途进行选择，根据电缆的用途和要求选择不同材料的电缆。电缆选择的基本原则如下：

(1) 电气性能满足要求。

(2) 机械及结构性能满足敷设环境的要求。

(3) 与用电设备的重要性等级相匹配。

(4) 适用于安装、运行的工程自然环境条件。

(5) 满足防火的要求。

电缆桥架的选型应依据电缆敷设要求，结合电缆桥架安装的环境，选用技术先进、安全耐用、质量优异同时考虑经济合理的结构与材质。电缆桥架选择的基本原则如下：

(1) 安装环境条件。

(2) 桥架布置方式。

(3) 电缆荷载。

(4) 防火要求。

(5) 安装维护方便。

(6) 电站电缆增容发展需要。

2.3 设计条件及要求

本分册电缆及电缆桥架选型考虑的适用场所如下：

(1) 水电站及抽水蓄能电站工程；

(2) 地下厂房潮湿场所、水下敷设场所、地面户外场所；

(3) 垂直高落差电缆竖井；

(4) 电缆密集的桥架及沟道；

（5）—60℃高寒地区；

（6）有移动需求的场所。

本分册考虑适用的电缆类型有：

（1）额定电压1～35kV电力电缆；

（2）直流、信号及控制回路用控制电缆；

（3）模拟量信号、计算机通信回路用控制电缆。

本分册考虑使用的电缆桥架有：

（1）普通热浸镀锌钢制电缆桥架；

（2）热浸镀锌钢制表面喷塑电缆桥架；

（3）铝合金电缆桥架；

（4）不锈钢电缆桥架等。

第3章　电缆及电缆桥架选型

3.1　电缆选型

3.1.1　导体材质选择

铜材的导电率高，导电性能好，20℃时铜导体的电导率是铝导体的1.6倍。载流量相同时，铝线芯电缆截面积约为铜的1.5倍；而且铜芯机械性能优于铝材，抗疲劳强度约为铝材的1.7倍，损耗低，延展性好，便于加工和安装。因此，水电站工程电缆导体选择原则如下：

（1）35kV及以下电力电缆、控制电缆均应选用铜导体；

（2）电缆铜芯需为无氧铜（一号无氧铜Tu_1或二号无氧铜Tu_2，杂质含量总和不大于0.05%）。

3.1.2　电缆芯数选择

电缆芯数的选择应根据电缆所在配电系统的供电和接地方式而定。

（1）1kV以上至35kV电力电缆宜采用三芯。

（2）工作电流较大、重要回路或三芯电缆截面积较大（超过$185mm^2$）敷设困难时，如SFC回路，电缆宜采用单芯。但是，单芯电缆应采用品字形敷设，且单芯电缆不能采用钢带铠装，应采用非磁性铠装如非磁性不锈钢带、铝或铝合金带或非磁性不锈钢丝、铝或铝合金丝。

（3）1kV及以下电力电缆应根据系统中性点接地及保护方式确定芯数，具体选择方法如下。

1）TN系统。

a）TN-S系统：保护线与中性线各自独立时，三相回路选用五芯电缆，单相回路选用三芯电缆。

b）TN-C-S系统：保护线与中性线合用同一导体时，三相回路选用四芯电缆，单相回路选择两芯电缆。

c）保护线采用单独的电缆（应同一路径敷设即同一管、沟、盒中敷设），三相回路选用四芯电缆，单相回路选用两芯电缆。

在抽水蓄能电站枢纽工程区范围内的低压系统接地型式应优先采用TN-S系统。如果独立建筑物距离较远、超出全厂接地系统的范围时，也可采用TN-C-S系统。因此，在同时有三相和单相供电要求的低压回路采用五芯电缆，仅有三相供电要求的低压回路采用四芯电缆，仅有单相供电要求的低压回路采用三芯电缆。

2）TT系统：三相回路采用四芯电缆，单相回路选用两芯电缆。

（4）直流回路，采用两芯电缆。

（5）控制、保护、测量电缆导体数的选择应符合下列规定：

1）导体截面积为1.5～$2.5mm^2$者，电缆导体数不宜超过24芯，导体截面积为4.0～$6.0mm^2$者，电缆导体数不宜超过10芯。二次电缆导体数不宜超过48芯。

2）信号线、逆变换器输出线、晶闸管整流器输入线、输出线及高频分量电压与电流线路，应尽量使用同一根电缆中的两条导体。

3）在同一根电缆内不应有两个安装单位的电缆导体。严防交流窜入直流回路，禁止同一个安装单位的交流和直流操作、信号回路合用一根电缆。

4）双重化保护的电流、电压以及直流电源回路和跳闸控制回路等需增强可靠性的两套系统，应采用各自独立的控制电缆。

5）一次和二次回路不应合用同一根电缆。

6）下列情况不宜合用同一根电缆：

a）控制回路的强电信号与弱电信号回路。

b）低电平信号与高电平信号回路。

c）交流断路器分相操作的各相弱电控制回路。

7）二次回路每一对往返导线宜属于同一根控制电缆。

8）控制电缆备用导体的预留，应考虑电缆长度、导体截面积及敷设条件等因素：

a）较长的控制电缆，当导体数在 7 芯及以上且截面积小于 4.0mm^2 时，宜留有 $10\%\sim15\%$ 的备用导体。

b）同一安装单位且同一起点、终点的控制电缆不必都留备用导体，可在同类性质的一根电缆中预留。

c）需降低电气干扰的控制电缆，可在工作导体外加一接地备用导体。

3.1.3 电缆绝缘水平选择

正确选择电缆的额定电压是确保电缆长期安全运行的关键之一。电缆额定电压见表 3-1，绝缘水平选择见表 3-2。

（1）交流系统中电力电缆导体的相间额定电压 U，不得低于使用回路的工作线电压。

（2）导体与绝缘屏蔽或金属层之间额定电压 U_0 的选择，应符合下列规定：

1）中性点直接接地或经低电阻接地的系统，接地保护动作不超过 1min 切除故障时，不应低于 100% 的使用回路工作相电压，即 U_0 取表 3-1 中的 I 类电压。

2）除上述供电系统外，其他系统不宜低于 133% 的使用回路工作相电压；在单相接地故障可能持续 8h 以上，或发电机回路等安全性要求较高的情况，宜采用 173% 的使用回路工作相电压，即 U_0 取表 3-1 中的 II 类电压。

表 3-1　　　　　　　　　　　电 缆 额 定 电 压

	U	1	3	6	10	15	20	35
	U_m	1.2	3.5	6.9	11.5	17.5	23	40.5
U_0	I 类	0.6	1.8	3.6	6	8.7	12	21
	II 类	0.6	3	6	8.7	12	18	26

注　U_0—电缆和附件的导体与金属护套（或屏蔽）之间的额定电压（有效值）；

U—电缆和附件的导体之间的额定工频电压（有效值）；

U_m—电缆和附件的导体之间的工频最高电压（有效值）。

（3）发电机电压回路电缆的绝缘水平，电缆额定线电压 U 应按 105% 的发电机额定电压选择；当发电机额定电压与表 3-1 不符时，应取与其相邻的高一等级的额定电压。发电机中性点电缆额定相电压 U_0 宜按发电机额定电压选择。

（4）交流系统中电缆的雷电冲击耐压不应低于表 3-2。

表 3-2　　　　　　　　　　电 缆 绝 缘 水 平

U_0/U	1.8/3	3.6/6	6/10	8.7/10、8.7/15	12/20	18/20	21/35	26/35
U_{pl}	40	60	75	95	125	170	200	250

注　U_{pl}—设计时采用的电缆和附件的每一导体与金属护套（或屏蔽）之间的雷电冲击耐受电压（峰值）。

（5）控制电缆额定电压应不低于 $450/750\text{V}$。

3.1.4 绝缘类型选择

（1）电缆绝缘应具有的主要性能如下：

1）高的击穿强度；

2）低的介质损耗角正切；

3）相当高的绝缘电阻；

4）优良的耐树枝放电、局部放电性能；

5）具有一定的柔软性和机械强度；

6）绝缘性能长期稳定。

常用的电缆绝缘材料有：

1）塑料绝缘材料，如聚氯乙烯、聚乙烯、交联聚乙烯；

2）橡皮绝缘材料，如橡胶、乙丙橡胶、硅橡胶等。

（2）选择电缆绝缘类型需要考虑电性能、热性能、力学性能及防护性能等，基本原则如下：

1）6kV 及以上应采用交联聚乙烯绝缘，应选用内、外半导电层与绝缘层三层共挤工艺。

2）1kV 及以下宜采用交联聚乙烯绝缘。

3）移动设备、经常弯移或有较高柔软性要求的回路，应采用橡皮绝缘橡皮护套软电缆（简称橡套软电缆）。可能经常被油浸泡的场所，应选用耐油性橡胶绝缘电缆。

4）严寒气候条件下，水平高差大或垂直敷设的场所，宜选用橡皮绝缘电力电缆。-15℃以下低温应选耐寒型，如耐寒橡皮绝缘、交联聚乙烯绝缘等。

5）高温又有柔软性要求的回路宜选用乙丙橡胶绝缘。60℃以上高温应选用耐热型乙丙橡胶绝缘。

6）地下厂房、中控室、与中控室相通的继电保护室及人员密集区域等重要场所应选用无卤低烟、阻燃型，如交联聚乙烯绝缘。

7）计算机监控、双重化继电保护、机组停机及断路器操作电源、直流电源、应急照明、保安电源、消防设施（电梯、水泵、火警、自动灭火装置、防排烟）供电回路，上、下水库紧急落门控制电源，进水口快速闸门（或进水阀）紧急关闭的直流电源等重要回路应采用耐火型，且明敷的部分应实施耐火防护。

8）阻燃等级及耐火等级的选择。凡是在火灾时，仍需要保持运行的线路均需要采用耐火电缆。考虑到普通阻燃电缆与耐火电缆如在敷设时在同一电缆槽盒内，并不能满足耐火的要求，因此抽水蓄能电站 1kV 及以下电力电缆及控制电缆宜全部采用阻燃 A 级、耐火电缆；中压电缆采用阻燃 A 级、耐火电力电缆，如耐火层材料选择导致电缆外径过大、敷设困难的情况下也可采用阻燃 A 级电力电缆。

阻燃 A 级电缆依据 GB/T 19555—2005《阻燃和耐火电缆通则》表 4 成束阻燃性能要求，应符合以下阻燃特性：成束敷设电缆的非金属体积≥7L/m 进行燃烧试验时，供火时间 40s，试样上炭化的长度不应超过喷嘴底边向上 2.5m，停止供火后试样上的有焰燃烧时间不应超过 1h。

耐火电力依据 GB/T 19555—2005《阻燃和耐火电缆通则》表 5 耐火性能要求，应符合以下耐火特性：电缆在供火温度不低于 750℃，供火时间 90min，电缆能够正常运行且指示灯不熄灭，2A 熔丝不熔断。

3.1.5 护层类型选择

电缆护层包括护套及外护层，其作用是保护绝缘性能，直接影响电缆使用寿命。护层的结构和材料依照不同的使用场合、电压等级、绝缘材料等有所不同。

1. 护套

护套的作用是保护绝缘层不受水、湿气及其他有害物质入侵。分为金属护套、橡塑护套及组合护套。

（1）地下厂房电缆外护套宜采用聚烯烃护套。

（2）-15℃以下地区应采用耐寒橡胶护套或氯磺化聚乙烯护套。

（3）主变压器室附近等有可能被油浸泡的场所，不宜用普通橡胶护套，应

选用耐油性橡胶护套电缆。油处理设备采用耐油性橡胶护套电缆。

（4）移动式、经常弯移或有较高柔软性要求的回路，应采用重型橡皮外护套或氯磺化聚乙烯护套。

2. 护层

电缆的护层包括内护层、铠装层及外护套。

（1）内护层应选用低烟无卤材料（如交联聚乙烯），结构形式宜选用挤包型式。

（2）电缆承受较大压力或有机械损伤危险时，应设置铠装层。重要回路钢带铠装电缆最高与最低点高差不宜超过 30m，垂直敷设落差超过 30m 时或直埋敷设时均应采用细钢丝铠装。

（3）交流系统单芯电力电缆，应采用非磁性金属铠装层，如非磁性不锈钢带、铝或铝合金带或非磁性不锈钢丝、铝或铝合金丝。

（4）经常移动或有重型机械操作的场合，选用重型橡套电缆（重型乙丙橡胶护套）。该型号能承受冲击、割裂、撕裂、挤压等机械外力和应力，有一定的可弯曲性。

（5）发电机励磁电缆敷设安装空间受限，可选择抗扭曲电缆，导体由铜金属丝组成，弯曲半径小于 5 倍电缆外径。

3.1.6 金属屏蔽的选择

屏蔽层分为电场屏蔽、磁场屏蔽和电磁场屏蔽。

（1）工作电压在 6kV 及以上的电缆均须有电场屏蔽结构。

（2）需要防止外界电磁场对电缆的干扰时应设置电磁场屏蔽。

（3）控制电缆、信号电缆应设置金属屏蔽，位于 110kV 以上配电装置的二次控制电缆宜选用总屏蔽或双层式总屏蔽。

（4）电缆具有钢铠、金属护层时，应充分利用其屏蔽功能。

（5）计算机监控系统电缆的屏蔽选择按下列规定执行：

1）开关量信号，可用总屏蔽。

2）高电平模拟信号，宜用对绞线总屏蔽，必要时也可用对绞导体分屏蔽。

3）低电平模拟信号或脉冲量信号，宜用对绞导体分屏蔽，必要时也可用对绞导体分屏蔽复合总屏蔽。

（6）其他情况应按电磁感应、静电感应等影响因素，采用适宜的屏蔽方式。

（7）控制电缆金属屏蔽的接地方式，按下列规定执行：

1）计算机监控系统的模拟信号回路控制电缆屏蔽层，不应构成两点或多点接地，宜用集中式一点接地。

2）除1）款规定需要一点接地情况外的控制电缆屏蔽层，当电磁感应的干扰较大，宜采用两点接地；静电感应的干扰较大，可用一点接地。双重屏蔽或复合式总屏蔽，宜对内、外屏蔽分用一点、两点接地。

3）两点接地的选择，还宜考虑在暂态电流作用下屏蔽层不致被烧熔。

4）直接接入微机型继电保护装置的所有二次电缆均应使用屏蔽电缆，且电缆屏蔽层应在电缆两端可靠接地。

（8）电缆主绝缘、单芯电缆的金属屏蔽层、金属护层应有可靠的过电压保护措施。统包型电缆的金属屏蔽层、金属护层应两端直接接地。三芯电缆有塑料内衬层或隔离套时，金属屏蔽层和铠装层宜分别引出接地线，且两者之间宜采取绝缘措施。

3.1.7 导体截面选择

电缆截面选择应满足允许温升、电压损失、机械强度等要求。高压电缆线路还应校验其热稳定，低压电缆应校验与保护电器的配合。较长距离的大电流回路或10kV以上电力线路应校验经济电流密度。

（1）按温升选择截面。

$$KI \geqslant I_g \tag{3-1}$$

式中　I_g——该回路的持续工作电流，A；

　　　I——电缆在额定情况下的长期允许载流量，A；

　　　K——不同敷设条件下的校正系数。

电缆按发热条件修正后的允许长期工作电流，不应小于线路的工作电流。电缆通过不同散热条件地段，其对应的缆芯工作温度会有差异；重要回路全长宜按其中散热较差区段条件选择截面。K的选取应根据温度、敷设方式综合确定。

电缆导体最高允许温度不应超过表3-3所列电缆导体最高允许温度。

表3-3　　　　　　　　　电缆导体最高允许温度

电缆类型	最高允许温度℃	
	持续运行时	短路时（最长时间≤5s）
交联聚乙烯绝缘，乙丙橡胶绝缘	90	250
聚氯乙烯绝缘	70	160
橡皮绝缘	60	200

（2）按短路条件选择。

应满足最大短路电流和短路时间作用下产生的热效应的要求。允许最小导体截面为

$$S \geqslant \frac{\sqrt{I^2 t}}{C} \tag{3-2}$$

式中　S——导体截面积，mm²；

　　　I——短路允许电流（有效值），A；

　　　t——短路时间，s；

　　　C——计算系数。

电缆的 C 值见表3-4。

表3-4　　　　　　　　　电缆的 C 值

导体绝缘材料	聚氯乙烯绝缘	交联聚乙烯绝缘，乙丙橡胶绝缘	橡皮绝缘
导体材料　　铜	115	143	141

当回路保护电器为限流熔断器、限流型断路器时，可不校验短路热效应。

电力设备专用接地电缆的截面应满足单相短路电流热效应的要求。电力电缆的金属屏蔽层的有效截面，应满足系统发生单相接地或不同地点两相同时发生故障时短路容量的要求。

（3）按电压损失校验。

最大工作电流作用下，不同电动机回路端部电压降不超过的允许值如下：

1）高压电机≤5％；

2）低压电机≤5％（一般），≤10％（个别特别远的电机）；

3）电焊机回路≤10％；

4）起重机回路≤15％。

电压降计算公式为

$$\Delta u\% = \frac{\sqrt{3}}{10 U_n} \times (R'\cos\varphi + X'\sin\varphi) IL = \Delta u_0 \% IL \tag{3-3}$$

式中　$\Delta u\%$——电动机回路端部电压降，V；

　　　U_n——线路工作电压，kV；

　　　R'——每米电缆的缆芯直流电阻，Ω/m；

　　　X'——每米电缆的电抗，Ω/m；

R'——每米电缆的缆芯直流电阻，Ω/m；

$\cos\varphi$——线路负荷的功率因数；

I——线路工作电流，A；

L——线路长度，m；

$\Delta u\%$——电缆每米每安培的电压降，V。

（4）中性线、保护接地线的选择。

1）中性线选择要求如下：

a）单相回路中性线导体的截面积与相线导体截面积相同。

b）铜芯电缆导体截面积小于等于 $16mm^2$ 的中性线导体的截面积与相线导体截面积相同。

c）铜芯电缆导体截面积大于 $16mm^2$ 小于等于 $35mm^2$ 的中性线导体的截面选择 $16mm^2$。

d）铜芯电缆导体截面大于 $16mm^2$ 的中性线导体的截面选择选用 50% 的相线导体截面。

e）如果回路受到谐波电流影响，如气体放电灯为主要负荷的回路，中性线截面应与相线截面相同。

2）保护接地线截面积应符合表 3-5 规定。

表 3-5　　　按热效应要求的保护接地线允许最小截面积　　　mm^2

电缆导体截面积 S	保护地线允许最小截面积
$S\leqslant16$	S
$16<S\leqslant35$	16
$S>35$	$S/2$

保护接地中性线导体截面积选择按下述原则：铜芯应不小于 $10mm^2$，铝芯应不小于 $16mm^2$。

（5）其他。

电力电缆选型见附录 A。

3.1.8　电缆附件选择

35kV 及以下挤包绝缘电力电缆宜采用冷缩型终端，户外布置场所应采用户外冷缩型终端。35kV 及以下电力电缆中间接头应采用冷缩型中间接头。

电缆终端及中间接头的外绝缘材料为硅橡胶材料。

电缆终端及中间接头的额定电压及其绝缘水平不应低于所连接电缆的额定电压及其绝缘水平，寿命与电缆本体相同。

电缆附件的密封防潮性能应能满足长期运行需要。

电缆中间接头的布置应满足安装维护所需的间距。电缆夹层、桥架和竖井等电缆密集区域内禁止布置电缆中间接头。在桥架内存在多根电缆中间接头的应按高低压、控制电缆的顺序进行分散交叉分段布置，不可放置在同一位置。

6～35kV 电力电缆中间接头应安装在专用电缆接头保护盒内进行保护。在接头两侧电缆各 3m 区段和该范围并列的其他电缆上涂刷防火涂料或缠绕阻燃包带。

在电缆中间接头处应做明显标记，编号、建立档案。

3.1.9　控制电缆选型原则

（1）控制电缆应选用铜芯电缆，导体选用退火圆铜导线，导体性能及绞合应符合 GB/T 3956 的规定。

（2）控制电缆绝缘选用交联聚乙烯绝缘类型。电站内 60℃ 以上高温场所或－15℃ 以下低温环境，如风罩壁内控制电缆、户外敷设的控制电缆，应选用交联聚乙烯绝缘电缆。

（3）电站人员密集的区域（如中控楼、办公与生产合用的副厂房）以及有低毒性防火要求时，宜选用交联聚乙烯等不含卤素的绝缘电缆，外护套宜选用聚乙烯护套。

（4）直流供电、信号、控制回路的电缆绝缘额定电压等级宜选用 450V/750V，模拟量传输、计算机通信用控制电缆绝缘额定电压等级宜选用 300V/500V。

（5）风罩壁内控制电缆、户外敷设的控制电缆宜选用聚烯烃护套。

（6）电站内在托臂或支架上直接敷设的控制电缆，以及在梯架上高落差垂直敷设的控制电缆，电缆护套应具有钢带或钢丝铠装。

（7）电站内鼠害严重或受白蚁危害的场所，电缆护套应具有钢带铠装。白蚁严重危害地区应选用较高硬度的外护层，也可在普通外护层上挤包较高硬度的薄外护层，其材质可采用尼龙或特种聚烯烃共聚物等，也可采用金属套或钢带铠装。

（8）电站内重要控制回路，包括断路器操作直流电源，发电机组紧急停机控制回路电源，计算机监控，双重化继电保护的一个回路，上、下水库紧急落门控制电源，进水口快速闸门（或进水阀）紧急关闭的直流电源等重要回路电缆应实施耐火防护或选用具有耐火性的电缆。

（9）为提高抗干扰性能，控制电缆应带有屏蔽层，可选用总屏蔽或双层式总屏蔽。

（10）用于测量、控制及保护的电流、电压和信号触点的控制电缆，应选用总屏蔽型。用于低电平模拟信号或脉冲量信号、计算机通信的控制电缆，宜选用对绞线芯分屏蔽复合总屏蔽。

（11）电站内直流系统蓄电池至直流盘柜应选用单芯电力电缆，直流供电回路宜选用2芯电缆，其余控制电缆宜选用多芯电缆。

（12）测量、计量及保护电流回路的控制电缆芯线截面积应使电流互感器的误差符合测量、保护装置的要求。电流回路电缆芯线截面积不应小于4.0mm²。

（13）测量、计量及保护电压回路的控制电缆芯线截面积应使电压互感器误差、电缆压降符合测量、保护装置的要求，电压回路电缆芯线截面积不应小于2.5mm²。

（14）强电控制回路控制电缆芯线截面积不应小于1.5mm²，弱电控制回路控制电缆芯线截面积不应小于1.0mm²。

（15）直流供电回路的控制电缆芯线截面积应使从电源到用电设备的电压降不超过额定电压的6.5%，直流供电电缆芯线截面积不应小于4mm²。

（16）所有控制电缆应选用具有阻燃性能的电缆，其成束阻燃性能应为A级。

（17）控制、通信及保护电缆选型见附录A表A.2。

3.2 电缆桥架选型

3.2.1 电缆桥架的型式选择

（1）水电厂的潮湿场所。地下厂房的尾水管层、蜗壳层、尾水闸门洞、阀门廊道、排水廊道和地面厂房的尾水管层、坝体廊道等户内潮湿场所宜选择热浸镀锌钢制喷塑盘式电缆桥架。

（2）水电厂的户外场所。户外露天布置的场所如上下库连接电缆桥架、户外大桥等处的电缆桥架宜采用户外热浸镀锌钢制盘式（底部带孔）电缆桥架。穿越易受外来机械损伤的地区和日晒地段的托盘、梯架应带有盖板；跨越道路段，底层梯架的底部宜加垫板，或在该段使用托盘。

电缆沟内布置的电缆支架采用成品支架，宜采用膨胀螺栓安装。

（3）水电厂需防电磁感应的场所。靠近敞露的大电流导体或带电设备布置的电缆桥架如机坑内、单相电抗器室、大电流导体周围，高压电缆周边等有电磁感应的场所，受电磁感应环境影响宜选择316L不锈钢槽式电缆桥架（包括支吊架及安装螺栓等附件也应选择316L不锈钢材质）。

（4）电缆竖井和垂直段电缆桥架如电站电缆竖井内的垂直电缆桥架，应选择热浸镀锌钢制、喷塑梯式电缆桥架，背面安装防火隔板。连通主厂房各层的垂直电缆桥架及中控楼的垂直电缆桥架等有防火需求的场所宜选用垂直带固定筋、热浸镀锌钢制喷塑槽式电缆桥架。

（5）电缆桥架的防火要求。敷设的电缆回路如要求耐火维持工作时间半小时及以上时宜选择耐火电缆桥架。耐火电缆桥架可选用热浸镀锌钢制、喷塑、带防火内胆盘式电缆桥架（内衬型工厂成品，不需现场切割）。

当选用普通型电缆桥架（包括金属电缆桥架和非金属电缆桥架）时，应按相关规范要求增设层间防火分隔措施。

当低压动力电缆与控制电缆共用同一托盘或梯架时，相互间宜设置隔板。

（6）其他。

电缆桥架选型见附录A表A.3。

3.2.2 电缆桥架的接地

（1）电缆沟、电缆隧道、电缆竖井中的电缆支架、金属构件等均应与接地网可靠连通。

（2）金属电缆桥架系统应具有可靠的电气连接并接地。应沿电缆桥架全长敷设地线，每个立柱及托臂应与接地线可靠连接。热浸镀锌钢制喷塑电缆桥架接地连接部位应在工厂内进行处理，具备良好的电气连通性。

（3）沿电缆桥架全长宜每隔10～20m与主接地网的可靠连接。

（4）电缆通道应设置有环形接地网，接地电阻不宜大于1Ω，地网使用截面积应进行热稳定校验且截面不小于40×5mm²。

（5）接地网宜使用经防腐处理的扁钢或扁铜，在现场焊接搭接不应使用螺栓搭接方法。

（6）电缆桥架用连接板连接时，两槽体间的连接电阻宜不大于0.1Ω。

（7）桥架接地线全部安装后应进行接地导通测试，接地电阻不大于10Ω，确保桥架接地可靠。

（8）中控室、保护室、二次电缆沟道、开关站就地端子箱及保护用的滤波器等处，应使用截面积不小于100mm²的裸铜排（缆）敷设与主接地网紧密连接的等电位接地网。

（9）在中控室、保护室下层电缆层内，按盘柜布置方向敷设 100mm² 的专用铜排（缆），将该专用铜排（缆）首末端连接形成保护室内的等电位接地网。该网与电站主接地网只能存在唯一的连接点，连接点的位置宜选择在电缆竖井处。连接线应选用 4 根及以上截面积不小于 50mm² 的铜排（缆）构成共点接地。分散布置的通信室等应使用截面积不小于 100mm² 的铜排（缆）与主接地网连接。

（10）保护和控制装置柜下部应设有截面积不小于 100mm² 的接地铜排。柜内装置的接地应用截面积不小于 4mm² 的多股铜线和接地铜排相连。接地铜排应用截面积不小于 50mm² 的铜缆与室内等电位接地网相连。

3.2.3　电缆桥架及其附件技术要求

1.　总则

1）选用的产品近年内应有两个以上的类似水电站工程成功运行 2 年以上经验的销售记录及相应的最终用户的使用情况证明。

2）所选产品生产厂商应具备由权威机关颁发的 ISO 9001 系列认证证书或等同的质量管理体系认证证书。

3）所选产品生产厂商应具有生产技术和生产能力的证明资料。

4）所选产品应具备有效的型式试验报告。

5）所选产品应具备详细的重要外购或配套部件供应商清单及检验报告。

6）承包人应提供所选产品各部件各型号的详细参数和单位质量。

2.　技术特性要求

（1）电缆桥架及附件的制造、试验、包装、运输应满足本分册 2.1 所列标准并应满足电力、机械两行业颁发的 DL/SDL/JB/JG/QB/DB 有关技术要求及规定。本规范未说明，但又与设计、制造、安装、试验、运输、包装保管和运行、维护等有关的技术要求，按有关行业标准执行。所有螺栓、双头螺栓、螺丝、管螺纹、螺栓头及螺帽等均应符合国家标准及国际单位制（SI）的标准。

（2）结构性能。

1）托盘、梯架常用规格。

a）托盘、梯架的宽度与高度应符合 JB/T 10216—2013 表 8 和 CECS 31—2017 表 3.4.2 的规定。

b）托盘、梯架的直通单元件标准长度采用 2m。

c）常用的弯通内侧弯曲半径应为 70、100、150、200、300、600、900mm。不应使用纯直角型弯通。

d）常用弯通宽度与其弯曲半径配合应符合 CECS 31—2017 表 3.4.4 的规定。

2）板材厚度。

桥架板材厚度应能承受额定均布载荷和具有一定的抗腐蚀裕度。托盘、梯架板材厚度应符合和 CECS 31—2017 表 3.5.5 和 JB/T 10216—2013 表 9 的规定，即 100mm 宽度托盘选用板材厚度应不小于 1.2mm，200mm 宽度托盘选用板材厚度应不小于 1.5mm，400～800mm 宽度托盘选用板材厚度应不小于 2mm。

3）通风孔。户内电缆桥架均应采用无孔盘式电缆桥架与梯式电缆桥架两种型式，不设置通风孔。户外电缆桥架宜设置底部通风孔。

4）梯架横档。梯架直通横档中心间距和梯架弯通横档 1/2 长度处的中心间距应均为 200～300mm，横档宽度不小于 30mm。

5）材料。桥架及其支吊架所选用的材料应符合自身的相关标准。钢制托盘、梯架及附件应采用冷轧钢板制作，并应符合 GB/T 700 中 Q235A 钢和 GB/T 11253 中的有关规定。不锈钢托盘及其附件应采用 316L 非磁性不锈钢板制作，满足强度及荷载要求，并符合国家相关规定。

6）表面防护层技术要求。

a）表面防护涂（镀）层技术要求应满足 JB/T 10216—2013 中 4.3.11、CECS 31—2017 中 3.6 及其他相关标准的要求。

b）附件、紧固件的防腐处理应与主体结构相一致。各类支、吊架其表面处理与托盘、梯架是否一致，应与用户协商而定。

c）热浸镀锌厚度不小于 65μm。所有支架及托臂应进行机加工，加工完成后进行酸洗之后方能进行防腐处理和热浸镀锌。热浸镀锌螺栓镀锌厚度不小于 54μm。

d）热浸镀锌后要求再进行喷塑处理，喷涂厚度不小于 60μm。

7）外观要求。桥架及其附件加工成形后断面形状应规则完整，无弯曲、扭曲、边沿毛刺等缺陷。内表面应光滑、平整、无损伤电缆绝缘的突起和尖角。

8）焊接要求。

a）钢制件应采用手工电弧焊。

b）手工焊接用焊条应符合 GB/T 5117—1995 的规定，宜用 E4300～E4313 型焊条。

c）所有焊缝应均匀，不应有漏焊、裂纹、夹渣、烧穿、弧坑等缺陷。

9）电缆桥架内应设置满足电缆绑扎固定要求的固定筋。对于垂直或超过45°倾斜布置的桥架，固定筋布置间距不宜大于0.8m，内部敷设的电缆应在每一处固定筋上采用固定夹具或绑带应加以固定。对于水平布置的桥架，内部敷设的电缆首末两端及转弯、电缆接头的两端处采用固定夹具或绑带加以固定。

（3）机械性能。

1）载荷等级。

a）桥架除包括其本身的重力外，还应包括其所能承受的电线电缆的机械负载。桥架不应作为人行通道或站人平台，但电缆敷设时有上人的需要，因此桥架应能满足电缆敷设人员荷重的要求。

b）支吊架跨距不宜大于1.5m。桥架在支吊架2m、简支梁条件下，托盘、梯架的额定均布载荷等级应符合表3-6中荷载C、D级的规定标准。

表3-6　　　　　　　　　桥架载荷等级

载荷等级	A	B	C	D
额定均布荷载（kN/m）	0.5	1.5	2.0	2.5

2）刚度。

a）桥架在承受额定均布荷载时，其最大挠度与其长度之比钢制的电缆桥架不宜大于1/200。

b）各种类型的支吊架应能承受相应规格（层数）托盘、梯架的额定均布荷载，满足强度、刚度及稳定性的要求。钢制吊架横档或侧壁固定的托臂在承受托盘、梯架额定载荷时的最大挠度与其长度之比应不大于1/100。

3）强度。

在载荷试验中桥架出现永久性变形时的载荷为最大试验均布载荷，额定均布载荷等于最大试验均布载荷除以安全系数，安全系数不小于1.5。连接板、连接螺栓等受力附件应与托盘、梯架、托臂等本体结构强度相适应。

4）抗冲击性能。

托盘、梯架应能承受一定能量的冲击，碰撞后不应出现影响安全使用的变形和裂纹。

（4）接地性能。

1）桥架系统应具有可靠的电气连接并接地。

2）托盘、梯架端部之间连接电阻不应大于0.00033Ω，接地孔处应将丝扣、接触点和接触面上的任何不导电涂层和类似的表层清除干净。

3）在电缆桥架段间连接处、伸缩缝或软连接处需采用两端压接镀锡铜鼻子的铜绞线连接，其截面和不应小于25mm²，且铜绞线外应带黄绿颜色相间的绝缘护套。

4）接地部位连接处应有不少于2个有防松螺帽或防松垫圈的螺栓固定。

（5）电缆桥架的弯通、三通、四通的设计应满足电缆敷设弯曲半径的要求，并按照电缆允许弯曲半径复核。

3. 试验

产品应具备完整的型式试验报告，型式试验报告必须是有相应资质授权证明的检测单位。且产品出厂前应按国家标准要求进行例行试验。

3.3　电缆桥架布置

利用三维设计软件对电缆桥架及立柱等附件进行三维布置设计，对电缆桥架自动编号，可实现电缆桥架材料表自动统计功能，此外，电缆桥架盖板设置、电缆桥架与电缆编号应满足以下技术要求。

3.3.1　桥架盖板

下述情况电缆桥架应设置盖板：

（1）垂直布置的电缆桥架或垂直布置多层电缆桥架最外层，可设置盖板。

（2）需屏蔽外部的电磁干扰时，应使用槽式电缆桥架并加装盖板。

（3）动力电缆附近有金属管路时应设置盖板。

（4）有防尘防腐蚀要求的电缆通道，宜使用耐腐蚀钢制电缆槽盒，并设置盖板。

（5）水平安装的电缆桥架，最上一层应设置盖板。

（6）人员通道以及存在易燃易爆物品的场所，应设置带盖板的电缆桥架。

（7）靠近带油设备的电缆槽盒应设置盖板。

3.3.2　电缆桥架与电缆编号

（1）所有电缆桥架及电缆均应进行编号，悬挂标志牌，牌上应注明电缆编号、电缆型号、规格、电压等级及起始点，并联使用的电缆应有顺序号，要求字迹清晰、不易脱落。

（2）标志牌规格应一致，并有防腐性能，挂装应牢固。

（3）高压电缆两端、接头处、拐弯处、密集区、交叉处均应挂标志牌，直线段应适当增设标志牌。

（4）标志牌应采用 PVC/ABS 材质，标志牌信息由编码印制机统一印制。

第 4 章　电缆敷设仿真设计与展示

4.1　电缆敷设原则

电缆敷设必须满足安全要求，避免电缆遭受机械性外力、强烈振动、水浸泡，避开可能被挖掘施工的地方，以便于敷设施工与运行维护。具体要求如下：

（1）同一通道、多层支架上的电缆，应满足电缆按电压等级分层敷设的要求。宜按电压等级由高至低的电力电缆、控制和信号电缆、通信电缆由上而下的顺序。

（2）同一电缆路径的多层电缆架上，应满足动力电缆与控制电缆分层敷设的要求，还应满足机组自用电电缆与全厂公用电电缆分层敷设的要求。

（3）电缆在敷设时应满足电缆允许弯曲半径的要求见表 4-1。

表 4-1　　　　　　　　　　　电缆允许弯曲半径

电缆种类	多芯	单芯
35kV 及以下交联聚乙烯绝缘电缆	15	20
聚氯乙烯绝缘电缆	10	10
橡皮绝缘电缆/橡皮或聚氯乙烯护套电缆	10	
橡皮绝缘电缆/裸铅护套	15	
橡皮绝缘电缆/铅护套钢带铠装	20	

注　表中数值系电缆外径倍数。

（4）同一层支架上的电力电缆不应叠置，宜有一定空隙，控制和信号电缆可多层叠置，见表 4-2。

表 4-2　　　　　　　　　　每一格架电缆的排列方式

类别	允许配置电缆根数	允许叠置层数		电缆之间排列	
		普通支架	桥架	普通支架	桥架
控制电缆	按填充率	1	1~2	紧靠	紧靠

续表

类别		允许配置电缆根数	允许叠置层数		电缆之间排列	
			普通支架	桥架	普通支架	桥架
35kV 及以下电压电力电缆	多芯		1	1	紧靠	紧靠
	单芯		2	2	品字形布置	

注　1. 最大允许填充率不超过：控制电缆 50%～70%；电力电缆 40%～50% 且宜预留 10%～25% 的工程发展裕量。
　　2. 重要的同一回路多根电力电缆不宜叠置。

（5）交流系统单芯电力电缆敷设为避免对通信线路的影响，可采取抑制感应电动势的措施，如采用金属屏蔽线或采用钢制电缆支架、槽盒并形成电气通路。

（6）在隧道、沟、浅槽、竖井、夹层等封闭式电缆通道中，不得布置热力管道，严禁有易燃气体或易燃液体的管道穿越。

（7）电缆敷设方式有地下直埋方式，穿管敷设方式，电缆沟、隧道敷设方式。其具体敷设设计要求详见 GB 50217 与 SL 344。

（8）结合电站达标投产的要求，电缆在支架或槽盒内敷设应尽量避免交叉。

（9）双电源供电重要回路，其主、备用电缆宜分开布置（如分别的通道或分层的支架上）。

（10）两组蓄电池的电缆应分别铺设在各自独立的通道内，尽量避免与交流电缆并排铺设，在穿越电缆竖井时两组蓄电池电缆应加穿金属套管。

（11）合理安排电缆段长，尽量减少电缆接头的数量，严禁在电缆夹层等缆线密集区域布置电力电缆接头。

（12）开关站电缆夹层宜安装温度、烟气监视报警器，重要的电缆隧道应安装温度在线监测装置，并应定期检测火灾报警及消防联动装置、自动灭火设施确保动作可靠、信号准确。

（13）同一负载的双路或多路电缆，不宜布置在相邻位置。

（14）过路、重型车辆通行等区域不应采用直埋方式。

（15）电缆进出构筑物、电缆通道，应对电缆管孔进行有效防水封堵，防止构筑物、电缆通道进水。

（16）靠近带油设备的电缆沟盖板应密封，如主变压器室、油处理室等。

（17）严禁在电缆夹层、桥架和竖井等电缆密集区域布置电力电缆接头。并排安装的多个电缆接头之间应加装隔板或填充阻燃材料。

（18）开关柜与变压器正上方不应设置电缆桥架。开关柜与变压器室正上方禁止布置直流、控制、保护以及保安电源电缆。其他电缆也应设置防火隔板进行防护。

（19）对公用性重要回路、电厂双辅机系统，同一回路的工作电源与备用电源的厂用供电电缆，宜分开布置在两侧支架上，条件困难时可布置在不同层次支架上并应进行耐火分隔。

（20）冗余的控制电缆应布置在不同的电缆通道或不同的电缆桥架上。

（21）厂内通信缆线应与动力电缆分层敷设。

（22）有条件时，新建电厂应采用不同路径的电缆沟道、电缆竖井进入通信机房和主控室，尽量避免与一次动力电缆同沟布放。

（23）二次电缆敷设路径尽量避开高压母线、避雷器和避雷针接地点、并联电容器、电容式电压互感器、电容式套管等设备。

（24）有条件时，直流系统两组电池电缆及直流盘的双回馈线电缆（互为备用）应单独铺设。

4.2　电缆清册

（1）电缆清册是电缆敷设的基本资料。电缆清册的编制应首先具备完善的电缆信息，包括电缆编号、电缆型号等基本信息。

（2）电缆的计算长度应包括实际路径长度与附加长度，电缆允许附加长度一览见表4-3。

表 4-3　　　　　　　　电缆允许附加长度一览表

项目名称	附加长度（m）
电缆终端头的制作	0.5
电缆接头的制作	0.5

续表

项目名称		附加长度（m）
由地坪引至各设备的终端头处	电动机（按接线盒对地坪的实际高度）	0.5~1.0
	配电屏	1.0~2.0
	车间动力箱	2.0
	控制屏或保护屏	2.0
	厂用变压器	3.0
	主变压器	5.0
	磁力启动器或事故按钮	2.0

注　对厂区引入建筑物的电缆，直埋电缆因地形及埋设的要求，电缆沟、隧道、吊架的上下引线和电缆终端头、接头等所需的电缆预留量，可取图纸量出的电缆敷设路径长度的5%。

4.3　电缆敷设仿真设计

电缆敷设是电气设计中最为复杂而烦琐的环节。以往电缆敷设路径设计，电缆长度统计，电缆清册的编制，电缆走向、根数、编号、型号规格等工程参数的标注等设计工作全部需要由设计人员手工完成，这将消耗大量的人力。为推进工程设计的标准化和规范化，提高水电站设计质量及效率，三维协同设计是工程设计行业发展的必然趋势，利用数字化三维虚拟仿真技术手段对电缆敷设设计进行创新性改进，实现了设计的高效率和成果的精细化，使仿真设计可以应对各种复杂情况，实现对设计方案的直观展示和修改维护，使施工图准确快速地反映设计关键点、难点，为施工移交及运行维护提供便利。软件通过读取电缆清册的逻辑信息，结合平面设备布置及路径，自动进行电缆优化敷设、精确统计电缆长度，从根本上杜绝了人为失误，保证了设计质量，提高设计速度。

本次通用设计研究基于三维 Revit 平台的 CAB-R 三维设计，对某 6×300MW 装机容量抽水蓄能电站地下主厂房与副厂房动力电缆与控制电缆敷设进行三维设计与研发。由于三维设计手段多种多样，因此电缆敷设软件不局限于 Revit 软件，亦可采用其他成熟的三维软件平台进行电缆敷设软件的开发和应用。

4.3.1　电缆敷设设计概况

本项目对某 6×300MW 装机容量的抽水蓄能电站地下主厂房、副厂房内动力电缆及控制电缆敷设，结合三维电缆敷设仿真软件进行设计，实现电缆布置最终目标。

（一）基本信息介绍

选用的电站主厂房分为发电机层、母线层、水轮机层、蜗壳层以及尾水管层。厂房左侧布置安装场，右侧布置副厂房。主厂房（机组段）总开挖长度150.0m，相邻机组段间距23.5m。各层机电设备布置如下：

（1）发电机层。

在每台机组下游侧分别布置机组现地控制盘、机组保护盘、变压器保护盘、机组故障录波盘、电气调速盘及励磁盘等。

（2）母线层。

调速器油压装置布置在母线层上游侧；发电电动机主引出线自定子机座下游第Ⅳ象限偏−Y轴30°方向引出，通过软连接铜排与离相封闭母线连接，穿风罩开孔后引入母线洞；发电电动机出口TA布置在离相封闭母线内；发电电动机中性点柜布置在风罩外第二象限与−X轴夹角45°角处，中性点引出线TA分上下双层布置在风罩内和风罩开孔内；机组自用电变压器及机组自用电配电盘布置在各机组段中间，上下游方向排列；母线层下游侧和机组段间均布置有电缆桥架；风罩进人门位于+X轴方向。

（3）水轮机层。

球阀油压装置布置在水轮机层上游侧；发电电动机推力外循环装置布置在机墩第四象限；冷却水供、排水管布置在水轮机层机墩第一象限、第三象限；渗漏排水深井泵布置在水轮机层1号机与副厂房之间及6号机与安装场下副厂房之间；主轴检修密封及吹扫气罐及空压机布置在蜗壳夹层1号机右侧。水轮机层上、下游侧和机组段间均布置有电缆桥架，下游侧还布置有检修母线槽系统。

（4）蜗壳层。

技术供水泵及滤水器布置在每台机机墩两侧；全厂低压供水滤水器布置在厂房上游1号机、4号机右侧；压力管道充水泵布置在厂房上游1号机、5号机左侧。充气压水气罐布置在每台机组厂房上游侧。

（5）副厂房布置。

副厂房共有七层（长×宽×高：17m×25m×37.5m），从下往上第一层（最底层）与水轮机层同高，布置有中压空压机及其控制盘等管路设备；第二层为厂用变压器层，与母线层同高，布置公用变压器、照明变压器、检修变压器、保安变压器及通风机。第三层与发电机层同高，布置公用配电盘、照明盘、检修盘等配电设备。第四层为电缆夹层。第五层为二次盘层，布置二次盘、直流盘、LCU控制盘及通风机等。第六层布置蓄电池、通风机及水处理设备。第七层为通风机室及其配电室。

（二）电缆布置

选用6台机机组自用电电缆共计236根，公用电电缆共计53根。二次控制电缆约1000根。电缆桥架主要布置如下：

1）母线层下游侧。双排桥架，每排各两层。

2）水轮机层上下游侧。上游单排桥架，三层。下游双排桥架，每排各三层。

3）蜗壳层上下游侧。单排桥架，均为两层。

4）主厂房上下游墙各机组段均设置垂直桥架，若干。

5）副厂房电缆层。单排桥架，四层。

6）副厂房变压器层电缆廊道内。双排桥架，若干。

7）副厂房电缆竖井内。沿竖井墙垂直桥架，主通道五层，其他部位三层。

主厂房与副厂房连通的电缆通道设置为：

1）母线层下游侧。双排桥架最下层连通。

2）水轮机层下游侧。单排桥架三层连通。

（三）电缆属性

动力电缆主要有1～6号机机组自用电电缆；主厂房公用电电缆，包括地下厂房检修排水泵、中低压空压机、通风机、空调机、电暖气、地下厂房直流等电缆。

二次电缆主要有计算机监控系统电缆、继电保护系统电缆、直流系统电缆、公用设备系统电缆及辅助控制设备系统电缆等。

所有电缆编号、设备编号均参照KKS编码系统。

（四）电缆敷设设计流程与成果

电缆敷设设计流程如图4-1所示。

在CAB-R三维仿真设计软件进行电缆敷设设计步骤如下：

1）准备地下主、副厂房各专业三维图纸。

2）初步策划地下主、副厂房电缆桥架布置。

3）准备动力电缆清册。

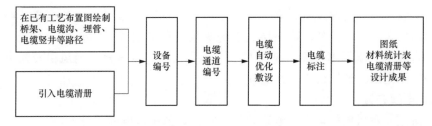

图 4-1 电缆敷设设计流程图

4) 准备控制电缆清册。

5) 准备电缆详细信息，纳入电缆敷设软件数据库内，如图 4-2 所示。

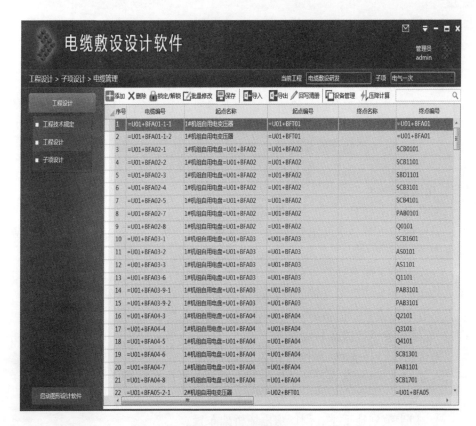

图 4-2 电缆清册样式

6) 绘制三维电缆桥架。

7) 在三维设计软件中布设电缆起点与终点设备，功能界面如图 4-3 所示。

图 4-3 设备布置

8) 对电缆通道与设备之间进行布线，如图 4-4 所示。

9) 生成电缆敷设三维拓扑图。

10) 查询所有电缆路径的连通性，导入电缆清册，完成敷设。

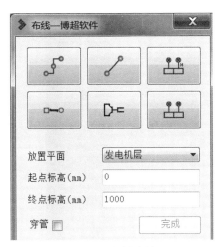

图 4-4　电缆布线

11）对敷设失败的电缆进行路径查询，建立电缆通道或在拓扑图中修改，重新敷设，直到敷设成功。

12）检查敷设成功电缆的桥架容积率。

13）检查敷设成功电缆的敷设方式是否满足设计要求，是否存在交叉现象，是否按电缆属性敷设。

14）对敷设方式不满足设计要求的电缆进行单根电缆路径调整，或指定电缆路径，对电缆敷设路径进行调整。

成功敷设的动力电缆共计 230 根，二次控制电缆共计 800 根（由于电缆布置仅限于地下主厂房与副厂房，因此电缆终点位于母线洞、主变压器洞等范围的无法正常敷设）。电缆敷设完成后，实现了下列功能：

1）对电缆清册进行重新写入，自动生成电缆长度，如图 4-5 所示。

2）对电缆清册进行重新写入，自动导出清晰的电缆路径。

3）对电缆桥架设计合理性进行了验证，实现了电缆桥架优化设置。

4）实现了单根电缆三维路径查询功能，并且能在三维图中显示全部电缆，如图 4-6 所示。

5）实现电缆桥架内电缆敷设三维查询功能，能够对桥架内的电缆敷设进行碰撞检查。

6）对个别敷设不合理的电缆可进行手动调整，可进行指定路径调整。

7）对成组的敷设不合理的电缆可进行手动调整，可进行指定路径调整，

如图 4-7 所示。

8）实现电缆桥架与电缆分期分批次敷设功能。

9）电缆敷设实现与工程进度相结合，优化电缆排列顺序。

生成电缆敷设断面图，反映电缆桥架内电缆敷设的详细信息与参数，如图 4-8 所示。

由于地下厂房主变压器洞、母线洞本次未进行研究，因此部分主变压器洞、母线洞布置的设备无法完成软件识别，未顺利完成电缆敷设，待到项目具体实施阶段将对全厂设备布置、三维电缆桥架、三维电缆敷设进行整体设计，完成电站地下厂房内全部电缆敷设工作。

4.3.2　电缆敷设仿真设计程序

本项目采用的 CAB-R v1.2 软件在局域网使用，将计算机中心的服务器作为服务器端。软件要求服务器端运行于 WINDOWS 操作系统，并安装 SQL Server2005 及以上版本。

客户端运行于 WINDOWS 2000 及以上操作系统，并要求安装 Revit2015 版本的 Revit。客户端安装软件需要 500MB 以上的硬盘空间。设计人员通过网络锁测试后即可使用。

（1）运行环境。

1）最低配置：

CPU：Intel 酷睿 i3 3210 3.3GHz；

内存：4G；

显卡：NVIDIA GF 5 系列以上 ATI X300 系列以上，256M 显存；

声卡：DirectSound 兼容声卡；

硬盘：10G 以上；

操作系统：支持 Windows XP/Windows7/Windows8。

2）推荐配置。

CPU：Intel 酷睿 i7 3770 3.4GHz；

内存：8G；

显卡：NVIDIA GF 9 系列以上，ATI 4000 系列以上，1024MB 显存；

声卡：DirectSound 兼容声卡；

硬盘：10G 以上；

操作系统：支持 Windows7/Windows8/Windows10。

起点编号	起点名称	终点安装单位	终点编号	终点名称	电缆类型	电缆型号	电缆规格	电缆长度	护管材料
=U01+BFT01	1#机组自用电变压器		=U01+BFA01	1#机组自用电工段母线电源	电力电缆	YJV-0.6/1kV	3x185+1x95	20	SC 钢管
=U01+BFT01	1#机组自用电变压器		=U01+BFA01	1#机组自用电工段母线电源	电力电缆	YJV-0.6/1kV	3x185+1x95	20	SC 钢管
=U02+BFT01	2#机组自用电变压器		=U01+BFA05	1#机组自用电工段母线电源	电力电缆	YJV-0.6/1kV	3x185+1x95	53	SC 钢管
=U02+BFT01	2#机组自用电变压器		=U01+BFA05	1#机组自用电工段母线电源	电力电缆	YJV-0.6/1kV	3x185+1x95	53	SC 钢管
=U01+BFA03	1#机组自用电盘=U01+BFA03		AS0101	机雾二次交流电源盘1#电源	电力电缆	YJV-0.6/1kV	3x35+1x16	33	SC 钢管
=U01+BFA07	1#机组自用电盘=U01+BFA07		AS0201	机雾二次交流电源盘2#电源	电力电缆	YJV-0.6/1kV	3x35+1x16	32	SC 钢管
=U01+BFA03	1#机组自用电盘=U01+BFA03		AS1101	机组励磁系统1#电源	电力电缆	YJV-0.6/1kV	4x10	30	SC 钢管
=U01+BFA07	1#机组自用电盘=U01+BFA07		AS1201	机组励磁系统2#电源	电力电缆	YJV-0.6/1kV	4x10	28	SC 钢管
=U01+BFA04	1#机组自用电盘=U01+BFA04		AS2101	发电机断路器操作电源	电力电缆	YJV-0.6/1kV	4x10	0	
=U01+BFA04	1#机组自用电盘=U01+BFA04		AS3101	封闭母线干燥装置电源	电力电缆	YJV-0.6/1kV	4x10	0	
=U01+BFA02	1#机组自用电盘=U01+BFA02		PAB0101	水轮机辅助控制盘1#电源	电力电缆	YJV-0.6/1kV	3x50+1x25	50	SC 钢管
=U01+BFA06	1#机组自用电盘=U01+BFA06		PAB0201	水轮机辅助控制盘2#电源	电力电缆	YJV-0.6/1kV	3x50+1x25	47	SC 钢管
=U01+BFA04	1#机组自用电盘=U01+BFA04		PAB1101	主轴密封供水加压泵	电力电缆	YJV-0.6/1kV	4x10	33	SC 钢管
=U01+BFA03	1#机组自用电盘=U01+BFA03		PAB2101	主变空载冷却水供水泵	电力电缆	YJV-0.6/1kV	4x10	0	
=U01+BFA03	1#机组自用电盘=U01+BFA03		PAB3101	1#技术供水泵	电力电缆	YJV-0.6/1kV	3x95+1x50	81	SC 钢管
=U01+BFA03	1#机组自用电盘=U01+BFA03		PAB3101	1#技术供水泵	电力电缆	YJV-0.6/1kV	3x95+1x50	81	SC 钢管
=U01+BFA07	1#机组自用电盘=U01+BFA07		PAB3201	2#技术供水泵	电力电缆	YJV-0.6/1kV	3x95+1x50	86	SC 钢管
=U01+BFA07	1#机组自用电盘=U01+BFA07		PAB3201	2#技术供水泵	电力电缆	YJV-0.6/1kV	3x95+1x50	86	SC 钢管
=U01+BFA02	1#机组自用电盘=U01+BFA02		Q0101	电缆阀	电力电缆	YJV-0.6/1kV	4x10	46	SC 钢管
=U01+BFA03	1#机组自用电盘=U01+BFA03		Q1101	1#技术供水滤水器	电力电缆	YJV-0.6/1kV	4x10	82	SC 钢管
=U01+BFA07	1#机组自用电盘=U01+BFA07		Q1201	2#技术供水滤水器	电力电缆	YJV-0.6/1kV	4x10	70	SC 钢管
=U01+BFA04	1#机组自用电盘=U01+BFA04		Q2101	机械制动粉尘吸收装置吸风机	电力电缆	YJV-0.6/1kV	4x10	26	SC 钢管
=U01+BFA04	1#机组自用电盘=U01+BFA04		Q3101	推力外循环油过滤器	电力电缆	YJV-0.6/1kV	4x10	49	SC 钢管
=U01+BFA04	1#机组自用电盘=U01+BFA04		Q4101	下导及推力轴承油雾吸附器电机	电力电缆	YJV-0.6/1kV	4x10	45	SC 钢管
=U01+BFA02	1#机组自用电盘=U01+BFA02		SB01101	风洞加热1#电源	电力电缆	YJV-0.6/1kV	4x16	41	SC 钢管
=U01+BFA06	1#机组自用电盘=U01+BFA06		SB01201	风洞加热2#电源	电力电缆	YJV-0.6/1kV	4x16	38	SC 钢管
=U01+BFA02	1#机组自用电盘=U01+BFA02		SCB0101	1#球阀油压装置油泵	电力电缆	YJV-0.6/1kV	3x150+1x70	52	SC 钢管
=U01+BFA06	1#机组自用电盘=U01+BFA06		SCB0201	2#球阀油压装置油泵	电力电缆	YJV-0.6/1kV	3x150+1x70	57	SC 钢管
=U01+BFA02	1#机组自用电盘=U01+BFA02		SCB1101	1#调速器油压装置油泵	电力电缆	YJV-0.6/1kV	3x70+1x35	46	SC 钢管
=U01+BFA06	1#机组自用电盘=U01+BFA06		SCB1201	2#调速器油压装置油泵	电力电缆	YJV-0.6/1kV	3x70+1x35	48	SC 钢管
=U01+BFA04	1#机组自用电盘=U01+BFA04		SCB1301	调速器油压装置辅助加泵	电力电缆	YJV-0.6/1kV	4x10	41	SC 钢管
=U01+BFA03	1#机组自用电盘=U01+BFA03		SCB1601	调速器漏油箱油泵	电力电缆	YJV-0.6/1kV	4x10	42	SC 钢管
=U01+BFA04	1#机组自用电盘=U01+BFA04		SCB1701	机组漏油装置油泵	电力电缆	YJV-0.6/1kV	4x10	40	SC 钢管
=U01+BFA02	1#机组自用电盘=U01+BFA02		SCB3101	1#高压油减载油泵	电力电缆	YJV-0.6/1kV	3x25+1x16	45	SC 钢管
=U01+BFA06	1#机组自用电盘=U01+BFA06		SCB3201	2#高压油减载油泵	电力电缆	YJV-0.6/1kV	3x25+1x16	41	SC 钢管
=U01+BFA02	1#机组自用电盘=U01+BFA02		SCB4101	1#推力外循环加压泵	电力电缆	YJV-0.6/1kV	3x50+1x25	47	SC 钢管
=U01+BFA06	1#机组自用电盘=U01+BFA06		SCB4201	2#推力外循环加压泵	电力电缆	YJV-0.6/1kV	3x50+1x25	44	SC 钢管
=U01+BFA07	1#机组自用电盘=U01+BFA07		SCB4301	3#推力外循环加压泵	电力电缆	YJV-0.6/1kV	3x50+1x25	42	SC 钢管
=U01+BFA02	1#机组自用电盘=U01+BFA02		SCB5101	1#水导油循环加压泵	电力电缆	YJV-0.6/1kV	4x16	72	SC 钢管
=U01+BFA06	1#机组自用电盘=U01+BFA06		SCB5201	2#水导油循环加压泵	电力电缆	YJV-0.6/1kV	4x16	75	SC 钢管
=U01+BFA03	1#机组自用电盘=U01+BFA03		SCB7101	主变冷却油泵1#电源	电力电缆	YJV-0.6/1kV	3x25+1x16	0	
=U01+BFA07	1#机组自用电盘=U01+BFA07		SCB7201	主变冷却油泵2#电源	电力电缆	YJV-0.6/1kV	4x10	0	
=U02+BFT01	2#机组自用电变压器		=U02+BFA01	2#机组自用电盘=U02+BFA01	电力电缆	YJV23-0.6/1kV	3x185+1x95	20	SC 钢管
=U02+BFT01	2#机组自用电变压器		=U02+BFA01	2#机组自用电盘=U02+BFA01	电力电缆	YJV23-0.6/1kV	3x185+1x95	20	SC 钢管
=U02+BFA02	2#机组自用电盘=U02+BFA02		SCB0102		电力电缆	YJV23-0.6/1kV	3x150+1x70	52	SC 钢管
=U02+BFA02	2#机组自用电盘=U02+BFA02		SCB1102		电力电缆	YJV23-0.6/1kV	3x70+1x35	46	SC 钢管
=U02+BFA02	2#机组自用电盘=U02+BFA02		SB01102		电力电缆	YJV23-0.6/1kV	4x16	41	SC 钢管
=U02+BFA02	2#机组自用电盘=U02+BFA02		SCB3102		电力电缆	YJV23-0.6/1kV	3x25+1x16	45	SC 钢管

图 4-5 自动生成电缆长度及路径清册

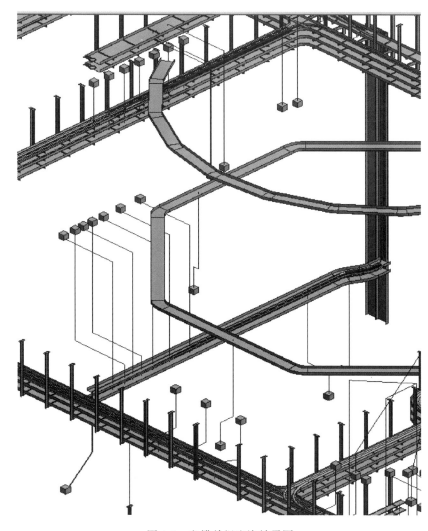

图 4-6 电缆单根查询效果图

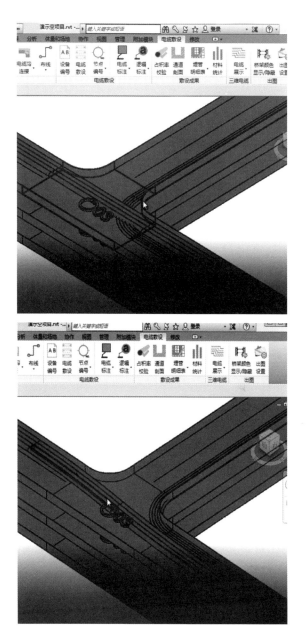

图 4-7 交叉敷设的电缆手动调整后实现成组电缆路径调整

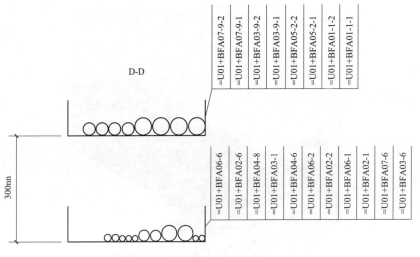

图 4-8　自动生成电缆敷设断面图

（2）功能特点。

1）实用性。程序具有友好的界面，操作性方法简单。对 Revit 建模不熟悉的人员也能轻松应用系统提供的参数化建模工具完成建模。只需简单的学习即可掌握。而产生的三维电缆排布模型和各种报表对施工起到有效的指导意义。

2）开放性。程序的数据接口可满足各样式的电缆清册格式，快速批量录入数据，建模采用 Revit 绘图软件。图形文件普遍被各类相关人员采用。

3）仿真性。在三维技术支持下，参数化建模产生的电缆沟，虚拟敷设自动产生的电缆和真实情况高仿真。

4）高效性。在程序中完成的虚拟敷设，通常有人工产生的多种报表全部由系统自动生成，结果可直接用于现场施工，有效提高施工效率。

5）系统优势。可录入电缆数据，现有 Excel 表格格式直接批量导入工程数据库，自动对应电缆编号、起点、终点、型号、规格，无需用户手动添加。全站电缆清册的录入仅需几秒钟。

可录入图形数据，依托 Revit 图形软件，以及系统提供的参数化快速建模工具，在平面图上绘制电缆通道信息，全站电缆通道模型可快速建立。

6）系统化。程序使用流程清晰，针对通道建模，参数化配以图形表现，

把传统的三维建模变得简单高效。电缆虚拟敷设及规划路径，通道位置与断面结构合理搭配，让用户清晰理解每处断面的电缆位置。三维展现和自动生成报表功能，彻底改变现有作业模式。以虚拟敷设结果指导施工，拓展施工技术人员的思维，并增强了电缆敷设的合理性。

（3）电缆敷设准备工作。在仿真系统工程设计模块对电缆的参数信息进行核对，如图 4-9 所示。

图 4-9　工程设计功能模块示意

工程设备库内自带部分电力电缆、控制电缆详细参数信息包括：电缆规格、截面、载流量、阻抗、电缆重量、外径等。对工程项目需要采用的电缆基本信息可以进行添加、修改、导入（导入 Excel 格式的设备元件数据）、导出、高级搜索等。对工程设备库内电缆桥架的信息进行核对，如有需要也可以进行添加。工程设备库功能界面如图 4-10 所示。

在仿真系统中对电缆敷设原则进行设定。在工程技术条件界面可以对电缆敷设的容积率、对电缆统计长度的设计裕量及附加长度进行设定等，如图 4-11 所示。

图 4-10　工程设备库界面

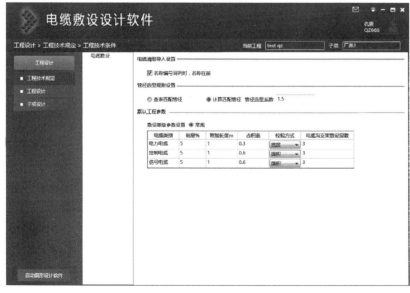

图 4-11　工程技术条件界面

在仿真系统中对制图样式进行设定。制图样式可以根据需要进行设定，显示电缆路径的通道编号还是节点编号，电缆标注的方式是否显示编号、电缆型号、敷设高程等信息。制图样式页面如图 4-12 所示。

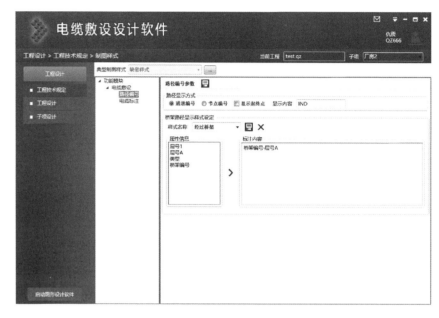

图 4-12　电缆敷设设计软件制图样式规定

（4）工程设计的权限分配。

为满足多人同时开展电缆敷设设计的需要，可以对工程设计进行子项划分，对人员信息及管理员权限进行分类设置。

（5）子项设计。

子项设计是电缆敷设设计的基础，包含电缆清册的全部信息。电缆敷设的重要基础就是电缆清册的信息是否正确。正确的电缆清册应至少包含如下信息：

1）电缆编号（每根电缆应有一个唯一的编号）；

2）电缆起点编号；

3）电缆终点编号；

4）电缆型号；

5）电缆规格（电缆的截面积）；

6）电缆类型（电力电缆、控制电缆、自用电电缆、公用电电缆等）。

在电缆清册中可以进行对电缆信息的修改、对电缆的删除与增加，对电缆进行批量修改。也可以将已有的电缆清册进行导入，导入时电缆清册也需要包含至少上述信息，并需要注意在导入电缆清册时，应在清册识别截面积下对电缆清册与软件电缆识别对话框进行一一对应。

在电缆敷设成功后，最终敷设成功的电缆清册也将在子项设计中显示（见图 4-13）。电缆长度一目了然，并可导出 Excel 表格型式的电缆清册，实现电缆自动统计功能。

序号	电缆编号	起点安装单位	起点名称	起点编号	起点功率(kW)	终点安装单位	终点名称	终点编号	终点功率(kW)	电缆
1	=U01+BFA0		1#机组自用电	=U01+BFT01				=U01+BFA01	400	电力电
2	=U01+BFA0		1#机组自用电	=U01+BFT01				=U01+BFA01	400	电力电
3	=U01+BFA0		1#机组自用电	=U01+BFA02				SCB0101	132	电力电
4	=U01+BFA0		1#机组自用电	=U01+BFA02				SCB1101	75	电力电
5	=U01+BFA0		1#机组自用电	=U01+BFA02				SBD1101	20	电力电
6	=U01+BFA0		1#机组自用电	=U01+BFA02				SCB3101	12	电力电

图 4-13　成功导入的电缆清册

准备工作完毕后就可以进行电缆敷设设计了。

4.3.3　电缆敷设仿真设计流程

电缆敷设设计包括设计人员对全厂电缆桥架布置进行系统规划，初步确定电缆桥架的走向、电缆桥架的属性（包括桥架层数、桥架内布置的是动力电缆还是控制电缆，桥架的布置高程，桥架的尺寸）、桥架的类型（槽式还是梯式）等。

（1）三维电缆桥架绘制。

初步确定电缆桥架设计思路后，即可进行三维电缆桥架的绘制。桥架绘制模块（见图 4-14）具备下述设计功能。

1）对水平电缆桥架进行绘制。

2）对垂直电缆桥架进行绘制。

3）对水平弧形电缆桥架进行绘制。

4）对水平贴墙电缆桥架进行绘制。

5）对水平贴墙弧形电缆桥架进行绘制。

6）自动生成电缆桥架配件，如各种弯通、三通、接头等。

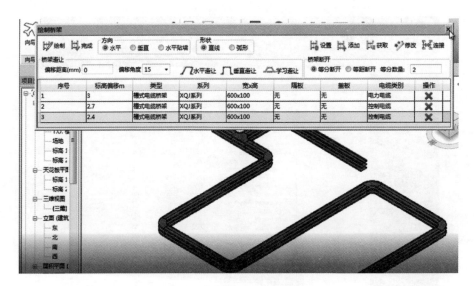

图 4-14　桥架绘制功能界面

7）两段桥架的自动连接功能，包括水平连接、垂直错位连接、三维视图分层连接。

8）桥架避让功能，包括水平避让、垂直避让、人为避让。

9）桥架断开功能。

10）桥架期次功能，可在属性功能增加电缆桥架期次设置。设置完成后将实现与电缆敷设期次配合使用，未设置期次的桥架可以敷设任意期次的电缆。

需要注意的是电缆桥架绘制时应对桥架的属性、类型进行设定。

（2）三维支吊架绘制。

三维电缆桥架绘制（见图 4-15）完成后，可进行支吊架三维绘制，支吊架安装分为地面安装、墙上安装及吊装三种。对支吊架布置参数进行设置后，即可进行支吊架三维绘制。支吊架绘制模块可绘制支架或吊架，且参数可调；对于立柱、托臂的尺寸、规格、布置方式均可以人为设定。具体设计功能如下：

1）可绘制横担型支吊架。

2）可绘制带埋件的立柱，并对所需的埋件进行自动统计。

3）可任意位置绘制支吊架。

4）可沿桥架绘制支吊架。

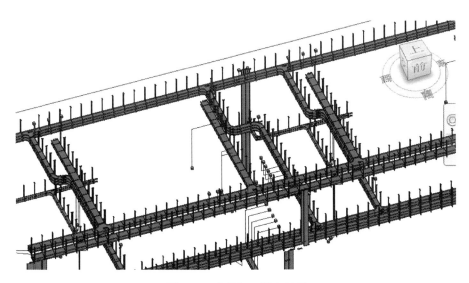

图 4-15 支吊架三维布置图

（3）埋管绘制。

对于部分由电缆桥架引出并敷设至设备处的埋管，可由软件进行三维设计并可实现埋管参数化设计，自动编号、自动赋值、自动统计。

（4）电缆沟绘制。

软件可进行室内或室外三维电缆沟绘制，并可以自动生成电缆沟内的电缆支架、埋件、电缆沟体型、桥架接地等。电缆沟内支架也可进行参数化设计，自动编号、自动赋值、自动统计。

（5）布线。

布线功能（见图 4-16）能够在电缆通道（包括电缆桥架、电缆沟等）与设备、设备与设备、通道与通道之间建立连接的电缆线。具体功能如下：

1）自由布置电缆线，设计人员自行绘制电缆路径。

2）倾斜布置电缆线。

3）自动布置设备与电缆通道之间的电缆线，软件自动生成最短路径。

4）软件自动布置两个设备之间的电缆线。

（6）引线。

引线功能（见图 4-17）是用作连接两个图中的电缆连通通道，起到电缆通道的连通作用。

图 4-16 布线功能 　　　　图 4-17 引线功能

（7）电缆敷设。

仿真系统可对电缆路径的选择初始条件就是电缆起点、终点设备的信息及属性进行参数化。设备的参数化有两种方式：

1）赋值功能。设计人员在三维厂房及电缆桥架布置图中对电缆的起点设备、终点设备进行编号。

2）放置功能。设计人员根据电缆清册中电缆起点、终点设备编号，在三维厂房及电缆桥架布置图中对设计进行重新布置。

设备属性一定要与电缆清册中保持一致。

设备放置功能可以实现多个放置、单个放置。

确保所有的电缆的所有起点设备、终点设备全部在三维布置图中布置好后，才能确保电缆敷设成功。

接下来即可选中需要敷设的电缆根据敷设规则进行自动敷设。敷设完成后，电缆清册中可以明显地显示已敷设成功的电缆、未敷设成功的电缆、未进行敷设的电缆。

（8）电缆敷设规则。

仿真系统中可以实现对电缆敷设规则的设置，如图 4-18 所示。具体的规则如下：

1）按敷设顺序敷设，可以按优先级顺序，包括电缆外径、电缆电压、电缆起点、电缆终点、电缆编号。设置哪个顺序在前，软件将默认按优先顺序进行电缆敷设。

2）电缆类型敷设。目前软件可以实现按照动力电缆与控制电缆的类型进行分层敷设，也可以实现按照电缆期次进行分层敷设。最终通过延续性开发能够实现电缆桥架按照电压等级与使用功能划分多种类别，各类别可由设计人员自行确定。如各电压等级（35kV、10kV、0.6/1kV、控制电缆）、公用电与自用电电缆等。实现电缆分类与桥架分类的协调统一，实现电缆在不同类别的桥架上分别敷设。

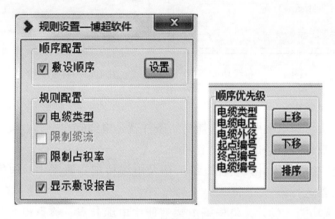

图 4-18　电缆敷设规则设置

3）按限制的容积率敷设。

4）按限制缆流敷设，即按照电缆沟或所能敷设的最大根数敷设。

5）在敷设完毕后可以自动显示敷设报告。

（9）对敷设不成功电缆的复核。

运用仿真系统中敷设不成功的电缆，需要对电缆详细路径的连通性进行查询与复核，具体方法有：

1）检查电缆的起始端是否已完成电缆通道至设备的布线，确保路径连通。

2）检查电缆可行的路径通道是否有断开的情况。

3）检查电缆跨层、跨排、跨接处是否已建立连通的电缆通道。

4）除采用布线功能使电缆路径连通外，还可以在拓扑图中对电缆通道进行连通。

（10）生成电缆清册。

在电缆清册中生成电缆路径、电缆长度。

（11）电缆路径查询。

1）在三维视图中生成单根电缆路径三维图，电缆起点终点自动查询。

2）可在三维视图中调整单根电缆路径，并实现单根电缆按指定路径敷设。

（12）通道剖面图。

为适应施工现场复杂的施工条件，还可选择电缆通道模型的任意位置直接生成断面图（见图 4-19），并配以对应标注。

断面图和标注的形式可将任意位置的电缆断面真实展示，标注中电缆位置与断面中电缆依次对应，以便于施工人员依据该断面图施工。

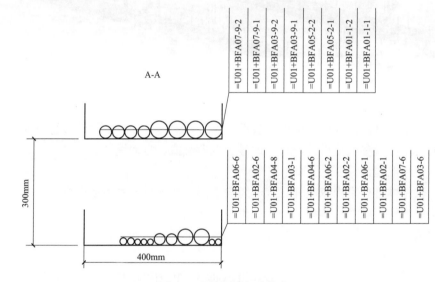

图 4-19　断面图自动生成

（13）材料统计。

自动生成完整的材料表，如图 4-20 所示。

（14）生成通道、节点编号。

根据设定好的规则，自动生成桥架、电缆沟及电缆交叉处的节点编号，便于以后生成电缆节点走向表。

（15）拓扑图管理。

拓扑图管理是仿真系统的重要功能，电缆敷设完成后，可以在软件的拓扑图管理界面中查看电缆拓扑关系图，并且能够进行拓扑图编辑。如图 4-21 所示，拓扑图管理界面功能介绍如下：

材料表

序号	名　称	型号及规范	数量	单位	备　注
1	槽式电缆桥架	XQJ-C-1A-15-600×150	759	米	
2	槽式电缆桥架	XQJ-C-1A-18-800×150	250	米	
3	槽式电缆桥架	XQJ-C-1A-7-300×150	138	米	
4	槽式电缆桥架	XQJ-C-1A-9-400×150	211	米	
5	槽式电缆桥架垂直凹弯通	XQJ-C-2C-15-600×150	4	个	
6	槽式电缆桥架垂直凹弯通	XQJ-C-2C-9-400×150	1	个	
7	槽式电缆桥架垂直凸弯通	XQJ-C-2B-15-600×150	4	个	
8	槽式电缆桥架垂直凸弯通	XQJ-C-2B-7-300×150	3	个	
9	槽式电缆桥架垂直凸弯通	XQJ-C-2B-9-400×150	2	个	
10	槽式电缆桥架水平三通	XQJ-C-3A-15-600×150	1	个	
11	槽式电缆桥架水平弯通	XQJ-C-2A-15-600×150	3	个	

图 4-20　材料表自动生成

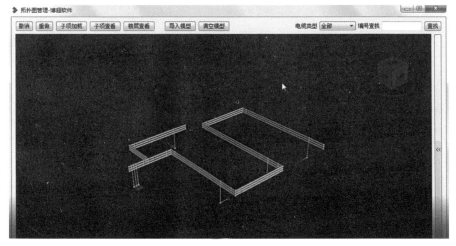

图 4-21　拓扑图管理界面

1）子项加载，加载敷设子项之间的电缆。
2）子项查看，显示与隐藏子项的拓扑图。

3）楼层查看，显示与隐藏楼层的拓扑图。
4）导入模型，将土建等专业的模型导入拓扑图。
5）清空模型，清空导入的模型。
6）电缆类型，按电缆类型显示拓扑图。
7）编号查找，输入节点编号、通道编号及设备编号进行定位。
8）设置线宽，设置节点等的颜色。
9）断网检查，桥架属性检查。
10）加载与提取拓扑图。
应用上述功能可以实现全厂电缆敷设的最终目标。

（16）三维电缆展示。

电缆模型在水电站中数据量大，走向复杂，曲面众多，排布密集，仿真系统采用自动生成模型方式。只需确定了电缆的走向以及电缆在通道中的相对位置，即可实现自动建模，从数据库中获取电缆的外径信息，确保拐弯半径符合实际，通过虚拟的三维场景仿真出实际效果，有效提高了电缆的建模速度。

利用仿真系统模拟并用三维显示电缆敷设现场施工的过程，自动完成电缆路径查询、电缆路径调整，大大提高了设计人员的生产效率。而且更加直观显示敷设的效果，能够更加直观地指导现场施工及监理单位对电缆敷设的现场施工过程管理。

三维电缆展示具有平移、旋转、拉近等基本功能，并能查看电缆的属性信息。

选中电缆可显示电缆编号，并可查看到所有电缆相关信息，如电缆起点、终点、型号、规格。

现场施工人员可直接携带电脑或平板电脑，根据三维显示指导施工。

4.4　设计成果三维展示

电缆敷设三维设计是依托在 Revit 基础上的电缆三维设计 CAB-R 的工程设计解决方案。但是，Revit 软件平台着重于建模，软件功能以及数据存储方式的优化方向是方便用户快速建立和修改设计方案，渲染展示只是附带的功能，受限于电缆信息的数据量，只可以实现 200 根以下电缆敷设效果整体展示。而抽水蓄能电站工程机组无论 4 台或 6 台，全厂动力电缆及控制电缆数量均在 1000 根以上，已经超出 Revit 平台整体三维展示的能力。

本项目工程 6 台 300MW 机组电站仅地下主、副厂房敷设的电缆数量为：动力电缆 230 根、控制电缆 800 根，已经超出 Revit 可以实现的整体三维展示极限，无法全部展示。因此，本项目应用新研发的三维引擎（BcGlobal）进行展示。该应用的模型与数据存储方式等都为真实表现三维场景而设计，电缆敷设根数显示不受限制，能高效地展示三维电缆敷设模型，与 Revit 平台相比效率和展示效果更优。三维引擎（BcGlobal）是基于三维电缆敷设软件设计出的功能强大的显示引擎。该显示引擎能够实现对土建结构、机电设备、电缆桥架、电缆敷设完整地三维显示，并能实时查询每根电缆路径以及电缆参数，并且可以实时查询电缆信息，完成电缆定位、生成相关报表等成果。三维引擎有 PC 端和 IPAD 端两种，介绍如下。

4.4.1 三维引擎 PC 端

三维引擎 PC 端实现下述功能：

（1）能够实现所有三维电缆敷设软件实现的电缆桥架布置、电缆敷设情况。

（2）能够实现三维电缆分层查看，如选择某层桥架后，只显示当前层桥架的电缆，其他的隐藏。

（3）能够实现三维电缆多层同时查看功能。

（4）核查电缆交叉后能进行手动调整，达到电缆敷设的最优效果。

该 PC 端的电缆布置设计功能将完整地应用于三维电缆敷设设计与应用，最终用于指导施工运行与维护。在演示体系 PC 端中，可实现的三维模型与三维场景等功能如下：

（1）将对三维目录树中选中的模型在场景中高亮显示，场景中选中的模型在三维目录树中高亮显示。

（2）可以对选中的模型进行移动、旋转、隐藏、显示、改变颜色与删除等操作。这些操作可以进行撤销、放弃、更新或提交保存。

（3）三维模拟场景中集成了大量的三维模型对象，在浏览漫游时需要常用的浏览导航工具包括平移、观察、环视、漫游、选择、飞行。默认是选择模式，退出其他模式后默认进入选择模式。

（4）提供自动巡游方案的创建、编辑与实施自动巡游功能，如图 4-22 所示。

图 4-22　路径巡游管理界面

可选择具体路径，单击编辑路径，开始路径轨迹的巡游，如图 4-23 所示。

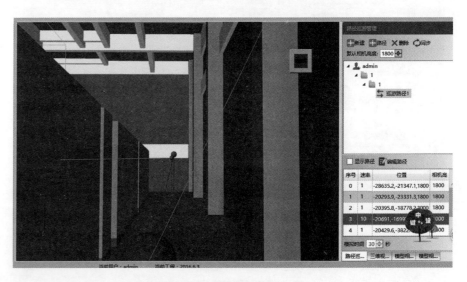

图 4-23　路径轨迹巡游示例

使用浏览模式下的漫游操作可进行路径的录制，也可选择鼠标和滚轮配合转动选择路径点。

（5）能够实现测距功能。进入点到点测量模式，在图中选择两个点，显示两个点之间的距离；进入对象到对象测量模式，在图中选择两个对象，显示两个对象之间的最短距离；清除测量时产生的距离标注；设置测量时标注的单位（m/mm）。

（6）能够实现碰撞检测，对三维模型进行碰撞检查，分析是否符合设计、施工要求。碰撞检测粒度以业务对象（设备）为单位，而非三角面，减少无效检查和结果重复，提高检查准确度。碰撞检测包括碰撞方案建立、碰撞对象指定、碰撞检测、碰撞结果展示。

4.4.2 三维引擎 IPAD 端

三维引擎 IPAD 端 APP 可利用平板电脑设备载入工程三维设计成果进行演示，方便地运用于现场施工安装与管理。

将 Revit 中的所有模型、电缆敷设数据和最终敷设成果导入三维引擎 PC 端核查确认准确无误后再将最终敷设成果导入 IPAD 端，利用 IPAD 端。可供在无 PC 端时核查电缆以及施工现场指导安装。IPAD 端的主要功能如下：

（1）IPAD 端能够进行关联的施工详图及全部电缆和电缆分层（包括单层和多层）的查阅。

（2）IPAD 端能够显示电缆属性和观察交叉情况。

（3）根据现场施工情况存在错、漏、交叉情况都可以及时发现并实现待修改电缆的现场实时标注，如有需要再返回 PC 端进行修改。

IPAD 端及应用软件可完整地应用于指导三维电缆桥架、电缆敷设的施工、运行、维护与管理，其具体功能说明如下：

（1）浏览导航树。在通过三维场景树导航目录（见图 4-24），用户可以查看当前三维场景中的模型分类及具体模型列表。同时用户可以在导航树上控制模型是否显示、快速定位功能。

（2）用户可以导入在 revit 中设计的建筑物模型及通道模型，可导入已经发布的电缆信息（主要包括起点、终点、电缆类型、电缆型号、路径、长度等）。

（3）三维模型浏览功能。用户可在三维场景中进行场景缩放、视角旋转、漫游、选中高亮、快速定位等操作，方便地浏览场景中的各类模型。

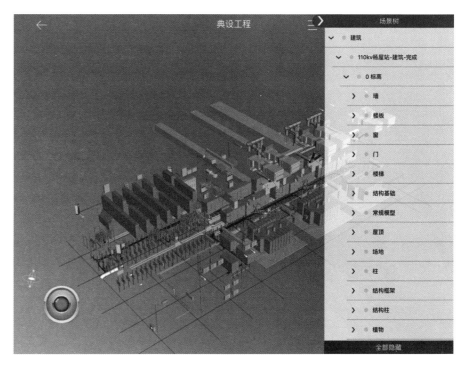

图 4-24　场景树界面示意

（4）支持三维场景的开关及透明化处理。

（5）可分层（单层或多层）查看电缆。

（6）模型信息查询。选择设备或者通道模型，可显示其具体属性，如设备编号、桥架编号等。

（7）电缆信息查询。从显示列表中选择具体电缆，可显示其三维路径，并可快速定位其起终点设备。

（8）选择具体设备，可显示以该设备为起点或终点的所有电缆的信息，包括其三维路径。

（9）选择具体通道，可显示该通道中经过的所有电缆的信息，包括其三维路径。

（10）自动巡游展示。

如图 4-25 所示，"自动观察"开关可以关闭或开始自动观察，及在巡游过程中是否能自由切换观察视角。单击"路径"开关，可以显示或隐藏当前巡游下的路径信息；"时间"滑动条可以改变当前巡游的模拟时间的快慢；"开始"按钮可以控制巡游的开始或暂停；"停止"按钮可以终止当前巡游的播放。

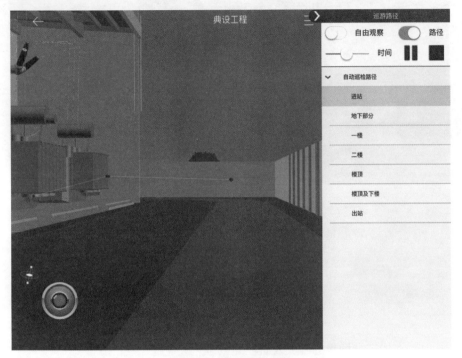

图 4-25　巡游路径示意

（11）与最终三维设计的施工图纸关联，并实现 IPAD 端查看施工图功能。

（12）三维测距功能。在 IPAD 端进行点到点三维测距、对象到对象三维测距，如图 4-26 所示。

清晰的可视化窗口、便携式的特点，使得电缆布置设计的三维成果在 IPAD 终端的展示性能能够充分应用于现场施工安装指导工作。三维引擎 IPAD 端的使用说明简要介绍如下。

（1）连接 IPAD 到电脑，进行工程导入，如图 4-27 所示。

（2）单击应用，找到 BIM，单击添加找到需要导入的数据包，添加到 IPAD 上，如图 4-28 所示。

进入 BIM 客户端，单击左上角设置可以进行一些通用设置并且查看帮助信息，如图 4-29 所示。

图 4-26　三维测距功能示意

图 4-27　IPAD 端接入

图 4-28　数据包导入 IPAD

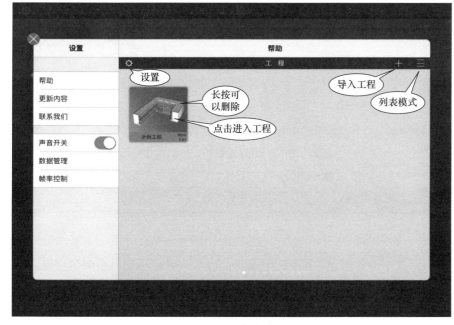

图 4-29　BIM 客户端设置

（3）进行添加工程→选择工程数据包→选择工程预览图→导入，如图 4-30 所示。

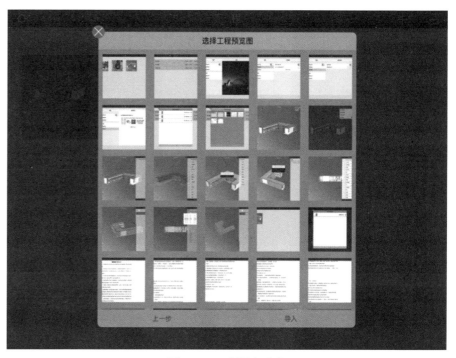

图 4-30　工程导入示意

（4）工程导入完成后，即可实现：

1）漫游操作——操作摇杆，可以改变观察模型的视角、方向；改变手指可以改变观察视角方向，两个手指操作可以进行放大或者缩小观察视角。

2）触摸操作——双击某个模型即可弹出模型的具体信息。

3）模型操作——单击详情按钮会显示该模型所关联的信息，包括模型属性，关联文件，关联图纸以及设备属性如图 4-31 所示。此外可以控制模型的显示方式"隐藏""孤立""透明"等，如图 4-32 所示。

4.4.3　工程总结

本次 6 台机组地下厂房电缆敷设仿真设计工作，最终目标是能够利用平板电脑完成展示，并能够对三维电缆桥架与电缆敷设成果进行读取，最终实现以下且不限于以下电缆敷设三维演示功能：

图 4-31　模型关联信息界面

图 4-32　显示方式设置界面

（1）在通过三维场景树导航目录，用户可以查看当前三维场景中的模型分类及具体模型列表。同时用户可以在导航树上控制模型是否显示、快速定位功能。查询某一部位的电缆桥架内电缆敷设详细成果，生成断面电缆排列图或排列信息，指导安装。APP 平台母线层俯视如图 4-33 所示。

（2）可以导入在 Revit 端设计的模型，可导入电缆信息（主要包括起点、终点、电缆类型、电缆型号、路径、长度等）。

（3）在三维场景中可以实现场景缩放、视角旋转、漫游、选中高亮、快速定位等操作，可浏览场景中各类模型。

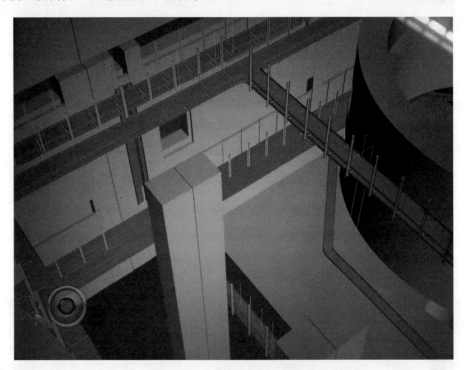

图 4-33　APP 平台母线层俯视

（4）选中设备模型，可显示其具体属性，列入设备编号桥架信息等。

（5）从显示列表中选择具体电缆，可显示其三维路径，并可快速定位其起终点设备；选择设备，可显示以该设备为起点或终点的所有电缆信息，包括其三维路径，如图 4-34 所示。选择具体通道，可显示其通道中经过的所有电缆信息。

图 4-34　本次 APP 平台展示单根电缆路径查询

（6）自动巡游展示。

（7）模型与施工图纸关联。

综上所述，本次以计算机三维仿真辅助手段设计并展示电缆敷设，让电缆敷设设计人员在现场敷设电缆之前就完成了电缆的虚拟敷设，并可根据电缆敷设路径的三维模拟展示效果及时调整电缆的排布位置。将系统中虚拟敷设的三维电缆信息模型作为依据施工，施工过程中可记录电缆的实际敷设结果，确立电缆敷设状态，对施工过程进行有效管理，从而达到提高设计人员进行电缆敷设设计的效率和电缆敷设施工工艺水平的目的。

附录 A 电缆及电缆桥架选型一览

电力电缆，控制、通信及保护电缆及电缆桥架一览表见表 A.1～表 A.3。

表 A.1 电力电缆选型一览表

序号	电缆类型		电缆型号				对应选型原则条款
	电压等级	回路名称	U_0/U 型号	芯数	截面积（mm²）	名称	编号
1	10kV	柴油发电机电源保安变进线电源	8.7/10kVWDZAN-YJY23(33)	3	35、50、70、95、120、150、185、240	无卤低烟、阻燃 A 级、耐火交联聚乙烯绝缘聚烯烃护套、铜芯、钢带铠装（细钢丝铠装）10kV 电力电缆	3.1.1～3.1.4
	10kV	工作电源回路	8.7/10kV WDZAN-YJY23(33)	3	35、50、70、95、120、150、185、240	无卤低烟、阻燃 A 级、耐火交联聚乙烯绝缘聚烯烃护套、铜芯钢带铠装（细钢丝铠装）10kV 电力电缆	3.1.1～3.1.4
2	0.6/1kV	厂内油泵、水泵、空压机、空调机、通风机排风机供电电源	0.6/1kV WDZAN-YJY23(33)	4（3+1）	10、16、25、35、50、70、95、120、150、185、240	无卤低烟、阻燃 A 级、耐火交联聚乙烯绝缘聚烯烃护套、铜芯钢带铠装（细钢丝铠装）1kV 电力电缆	3.1.1～3.1.4
					10、16、16、16、25、35、50、70、70、95、120		
3	0.6/1kV	水下敷设的供电电源（如渗漏排水泵、取水泵、潜水泵等）	500V JHS	3 或 4（3+1）	10、16、25、35	防水橡套电缆	3.1.1～3.1.4
					10、16、16、16		
			0.6/1kV YGGB		10、16、25、35、50、70、95、120、150	硅橡胶绝缘及护套、铜芯电力电缆	
					10、16、16、16、25、35、50、70、70		
4	0.6/1kV	直流、火灾报警、消防电梯、消防水泵、防火卷帘门、应急照明供电回路	0.6/1kV WDZAN-YJY23(33)	2 或 4（3+1）	4、6、10、16、25、35、50、70、95、120、150、185、240	无卤低烟、阻燃 A 级、耐火交联聚乙烯绝缘聚烯烃护套、铜芯钢带铠装（细钢丝铠装）1kV 耐火电力电缆	3.1.1～3.1.4
					4、6、10、16、16、16、25、35、50、70、70、95、120		
5	0.6/1kV	移动式空压机、移动式柴油发电机、移动式门机	450/750V YC 或 YCW	3 或 4（3+1）	10、16、25、35、50、70、95、120、150	重型橡胶外护套、橡胶绝缘铜芯电力电缆	3.1.4、3.1.5
					10、16、16、16、25、35、50、70、70		
6	0.6/1kV	励磁电缆	0.6/1kV	1 或 3	各种截面积	抗扭曲电缆	3.1.4、3.1.5
7	35kV 及以下	−15℃以下户外寒冷地区	3.6/6kV 及以上电压等级	1、3、4（3+1）或 5（3+2）	各种截面积	耐寒型	3.1.4、3.1.5
		主变压器室内敷设的电力电缆	3.6/6kV 及以下电压等级		各种截面积	耐油型	3.1.4、3.1.5

注 1. 电缆敷设路径中有超过 30m 的电缆竖井或垂直敷设高差超过 30m 的电缆，应采用细钢丝铠装。
2. 耐寒型、耐油型电缆所选择材料的性能应符合 IEC（VDE）规范的要求。
3. 电缆型号说明：WDZA——无卤低烟阻燃 A 级；N——耐火；YJY23(33)——交联聚乙烯绝缘聚烯烃护套钢带铠装（细钢丝铠装）；JHS——防水橡套电缆；YCW——耐油型重型橡胶外护套、橡胶绝缘电力电缆；YGGB——硅橡胶绝缘及护套电力电缆。

表 A. 2

序号	系统	敷设部位	回路功能	电缆型号	额定电压	芯数×截面积（mm²）	对应选型原则条款
1	监控系统	地下厂房，上库，下库，开关站，继保楼等	B码/脉冲/串口对时	WDZAN-DJYJPYP$_{23}$	300/500V	2×2×1.0	3.1.9
			4～20mA 模拟量	WDZAN-DJYJPYP$_{23}$	300/500V	2×2×1.0，4×2×1.0	3.1.9
			RTD 测温	WDZAN-DJYJPYP$_{23}$	300/500V	2×3×1.0，4×3×1.0，8×3×1.0	3.1.9
			电流互感器回路	WDZAN-KYJYP$_{23}$	450/750V	4×4，4×6	3.1.9
			电压互感器回路	WDZAN-KYJYP$_{23}$	450/750V	4×2.5，4×4，4×6	3.1.9
			一般开关量控制、信号	WDZAN-KYJYP$_{23}$	450/750V	4×1.5，8×1.5，14×1.5，19×1.5，24×1.5	3.1.9
			停机、跳断路器，跳灭磁开关、关球阀、落快速门、水力机械后备保护等	WDZAN-KYJYP$_{23}$	450/750V	4×1.5，8×1.5	3.1.9
		业主营地，中控楼	4～20mA 模拟量	WDZAN-DJYJPYP$_{23}$	300/500V	2×2×1.0，4×2×1.0	3.1.9
			一般开关量控制、信号	WDZAN-KYJYP$_{23}$	450/750V	4×1.5，8×1.5	3.1.9
2	继电保护系统、故障录波系统、电能计量	地下厂房，上库，下库，开关站，继保楼，中控楼等	电流互感器回路	WDZAN-KYJYP$_{23}$	450/750V	4×4，4×6	3.1.9
			电压互感器回路	WDZAN-KYJYP$_{23}$	450/750V	4×2.5，4×4，4×6	3.1.9
			停机、跳断路器，跳灭磁开关、启动消防等	WDZAN-KYJYP$_{23}$	450/750V	4×1.5，8×1.5	3.1.9
			一般开关量控制、信号	WDZAN-KYJYP$_{23}$	450/750V	4×1.5，8×1.5，14×1.5，19×1.5，24×1.5	3.1.9
			4～20mA 模拟量	WDZAN-DJYJPYP$_{23}$	300/500V	2×2×1.0，4×2×1.0	3.1.9
			B码/脉冲对时	WDZAN-DJYJPYP$_{23}$	300/500V	2×2×1.0	3.1.9
3	调速系统、励磁系统、发电机配电装置	地下厂房	电流互感器回路	WDZAN-KYJYP$_{23}$	450/750V	4×4，4×6	3.1.9
			电压互感器回路	WDZAN-KYJYP$_{23}$	450/750V	4×2.5，4×4，4×6	3.1.9
			停机、跳断路器，跳灭磁开关等	WDZAN-KYJYP$_{23}$	450/750V	4×1.5，8×1.5	3.1.9
			一般开关量控制、信号	WDZAN-KYJYP$_{23}$	450/750V	4×1.5，8×1.5，14×1.5，19×1.5，24×1.5	3.1.9
			B码/脉冲/串口对时	WDZAN-DJYJPYP$_{23}$	300/500V	2×2×1.0	3.1.9
			串口通信	WDZAN-DJYJPYP$_{23}$	300/500V	2×2×1.0	3.1.9
			4～20mA 模拟量	WDZAN-DJYJPYP$_{23}$	300/500V	2×2×1.0，4×2×1.0	3.1.9
4	直流系统	地下厂房，上库，下库，开关站，继保楼，中控楼，业主营地等	蓄电池回路	WDZAN-YJY$_{23}$	0.6/1kV	1×25，1×50，1×120，1×185，1×240	3.1.9
			分屏回路	WDZAN-YJY$_{23}$	0.6/1kV	2×25，2×35，2×50，2×70，2×95，2×185	3.1.9
			馈线回路	WDZAN-KYJYP$_{23}$ 或 WDZAN-YJY$_{23}$	450/750V	2×4，2×6，2×10	3.1.9

序号	系统	敷设部位	回路功能	电缆型号	额定电压	芯数×截面积（mm²）	对应选型原则条款
5	机组辅助控制系统，机组状态监测系统	地下厂房	电流互感器回路	WDZAN-KYJYP23	450/750V	4×4，4×6	3.1.9
			电压互感器回路	WDZAN-KYJYP23	450/750V	4×2.5，4×4，4×6	3.1.9
			一般开关量控制、信号	WDZAN-KYJYP23	450/750V	4×1.5，8×1.5，14×1.5，19×1.5，24×1.5	3.1.9
			4~20mA 模拟量	WDZAN-DJYJPYP23	300/500V	2×2×1.0，4×2×1.0	3.1.9
			串口通信	WDZAN-DJYJPYP23	300/500V	2×2×1.0	3.1.9
			RTD 测温	WDZAN-DJYJPYP23	300/500V	2×3×1.0，4×3×1.0，8×3×1.0	3.1.9
6	厂用电，SFC 控制系统	地下厂房，上库，下库，开关站，继保楼，中控楼，业主营地等	电流互感器回路	WDZAN-KYJYP23	450/750V	4×4，4×6	3.1.9
			电压互感器回路	WDZAN-KYJYP23	450/750V	4×2.5，4×4，4×6	3.1.9
			停机、跳断路器，跳灭磁开关等	WDZAN-KYJYP23	450/750V	4×1.5，8×1.5	3.1.9
			一般开关量控制、信号	WDZAN-KYJYP23	450/750V	4×1.5，8×1.5，14×1.5，19×1.5，24×1.5	3.1.9
			B 码/脉冲/串口对时	WDZAN-DJYJPYP23	300/500V	2×2×1.0	3.1.9
			串口通信	WDZAN-DJYJPYP23	300/500V	2×2×1.0	3.1.9
			4~20mA 模拟量	WDZAN-DJYJPYP23	300/500V	2×2×1.0，4×2×1.0	3.1.9
			RTD 测温	WDZAN-DJYJPYP23	300/500V	2×3×1.0，4×3×1.0，8×3×1.0	3.1.9
7	闸门控制系统	上库，下库，大坝等	落快速门	WDZAN-KYJYP23	450/750V	4×1.5，8×1.5	3.1.9
			一般开关量控制、信号	WDZAN-KYJYP23	450/750V	4×1.5，8×1.5，14×1.5，19×1.5，24×1.5	3.1.9
			串口通信	WDZAN-DJYJPYP23	300/500V	2×2×1.0	3.1.9
			4~20mA 模拟量	WDZAN-DJYJPYP23	300/500V	2×2×1.0，4×2×1.0	3.1.9
8	排水控制系统、压缩空气控制系统、风机控制系统、空调控制系统	地下厂房，上库，下库，开关站，继保楼，中控楼等	一般开关量控制、信号	WDZAN-KYJYP23	450/750V	4×1.5，8×1.5，14×1.5，19×1.5，24×1.5	3.1.9
			串口通信	WDZAN-DJYJPYP23	300/500V	2×2×1.0	3.1.9
			4~20mA 模拟量	WDZAN-DJYJPYP23	300/500V	2×2×1.0，4×2×1.0	3.1.9
			RTD 测温	WDZAN-DJYJPYP23	300/500V	2×3×1.0，4×3×1.0，8×3×1.0	3.1.9

注 电缆型号说明：
WDZA——无卤低烟阻燃 A 级；N——耐火；KYJYP23——交联聚乙烯绝缘聚烯烃护套铜带屏蔽钢带铠装控制电缆；DJYJPYP23——交联聚乙烯绝缘铜带分屏蔽聚乙烯护套铜带总屏蔽钢带铠装计算机电缆。

序号	电缆桥架类型	型号	是否带盖板	适用场所	对应选型原则条款
1	热浸镀锌钢制喷塑盘式电缆桥架	GCQ-A-800×100（150）、600×100（150）、500×100（150）、400×100（150）、200×100（150）、100×100（50）	是	地下厂房的尾水管层、蜗壳层、尾水闸门洞、阀门廊道、排水廊道和地面厂房的尾水管层、坝体廊道等户内潮湿场所	3.2.1（1）
2	热浸镀锌钢制、喷塑梯式电缆桥架	GTQ-A-800×100（150）等	否	电站电缆竖井内	3.2.1（4）
3	热浸镀锌钢制、喷塑梯式电缆桥架，背面安装防火隔板	GCTQ-A-800×100（150）等	是	连通厂房各层的垂直电缆桥架	3.2.1（4）
4	户外热浸镀锌钢制盘式电缆桥架	GPQ-A-400×100W	是	户外露天布置场所如上下库连接电缆桥架、户外大桥	3.2.1（2）
5	316L 不锈钢槽式电缆桥架	BXGCQ-A-800×100（150）等	是	机坑内、单相电抗器室、大电流导体周围、高压电缆周边等有电磁感应的场所	3.2.1（3）
6	热浸镀锌钢制、喷塑、带防火内胆盘式电缆桥架（内衬型工厂成品，不需现场切割）	GCQN-A-800×100（150）等	是	有防火 0.5h 以上要求的场所，如主厂房各层电缆通道、副厂房电缆通道、主变洞电缆桥架密集场所等	3.2.1（5）